SHISHANG

SHEJI

TUANDUI

CHUANGXIN

NENGLI

YANJIU

时尚设计团队创新能力研究

李丹 著

U0155334

立信会计出版社
LIXIN ACCOUNTING PUBLISHING HOUSE

图书在版编目(CIP)数据

时尚设计团队创新能力研究 / 李丹著. —上海：
立信会计出版社，2021.8
ISBN 978 - 7 - 5429 - 6914 - 9

Ⅰ.①时… Ⅱ.①李… Ⅲ.①服装设计—创造能力—
研究 Ⅳ.①TS941.2

中国版本图书馆 CIP 数据核字(2021)第 164382 号

责任编辑　　王斯龙

时尚设计团队创新能力研究

SHISHANG SHEJI TUANDUI CHUANGXIN NENGLI YANJIU

出版发行	立信会计出版社			
地　　址	上海市中山西路 2230 号	邮政编码	200235	
电　　话	(021)64411389	传　　真	(021)64411325	
网　　址	www.lixinaph.com	电子邮箱	lixinaph2019@126.com	
网上书店	http://lixin.jd.com	http://lxkjcbs.tmall.com		
经　　销	各地新华书店			
印　　刷	苏州市古得堡数码印刷有限公司			
开　　本	710 毫米×1000 毫米	1/16		
印　　张	11.5			
字　　数	201 千字			
版　　次	2021 年 8 月第 1 版			
印　　次	2021 年 8 月第 1 次			
书　　号	ISBN 978 - 7 - 5429 - 6914 - 9/T			
定　　价	56.00 元			

如有印订差错，请与本社联系调换

前言
FOREWORD

随着创意经济在全球的迅速发展,伦敦、巴黎、纽约、东京、米兰等地已经成为世界著名的"时尚中心",时尚产业作为其发展过程中最具活力的一部分,已经逐渐成为驱动各国经济发展的重要推动力。作为一个具有高科技含量、高文化附加值和高创新度等特征的文化产业,时尚产业可以在推动区域经济发展、提高人民的生活品质及满足人民对美好生活的向往方面起到重要的作用。那么时尚产业如何才能更好地发挥这些作用? 促进该产业发展的核心因素是什么? 这些问题引起了理论界与实践界的广泛关注。自我国全面实施创新型国家战略以来,国内企业开始重视设计对提高创新能力的重要作用。如华为技术有限公司、北京小米科技有限责任公司及日播时尚集团股份有限公司等通过专业的设计师团队,不仅提高了产品创新速度,而且更好地满足了消费者对美好生活的追求。在以技术创新为基础、以设计创新为驱动的"双创新"模式下,企业不仅需要依赖个体设计师的创新能力,还依赖设计师集体的创新能力,且需借助先进的科学技术来实现企业不断创新的目标。设计团队的创新能力是影响时尚企业、设计类企业以及其他相关企业创新能力发展的重要因素,然而目前国内外缺乏对时尚设计团队创新能力的系统研究,现有研究多集中在对其概念、特征、现象及个案的分析与讨论。因此,本书以时尚设计团队为研究对象,对时尚设计团队创新能力的内涵、影响因素和作用机制等进行了深入研究,具体章节分布如下。

第 1 章为时尚设计团队创新能力的相关理论基础。本章阐述研究背景及意义,综述国内外时尚设计团队创新能力相关研究的进展,介绍时尚设计团队创新的相关理论,如团队创新、设计驱动创新及团队学习等理论,为后续研究奠定理论基础。

第2章为时尚设计团队创新能力的分析。本章根据设计驱动创新理论、团队创新活动的一般规律、时尚设计团队特征及其与设计驱动创新过程的关联性，对时尚设计团队创新能力进行解构。

第3章为时尚设计团队创新能力影响因素的理论模型。本章在对相关文献进行深入研究的基础上，对影响时尚设计团队创新能力的内部因素与外部因素进行分析，由此提出了相应的研究假设来探讨影响因素与团队创新能力的关系，并构建了相应的理论模型。

第4章为时尚设计团队创新能力影响因素模型研究设计。本章测量与分析了所构建的理论模型。首先，本章介绍了该类问题问卷设计的过程及要求；其次，本章结合已有的研究成果及实地调研数据对调查问卷进行完善；再次，本章对完善后的问卷进行检验和评估；最后，本章结合相关意见对其进行修订，形成符合要求的量表。

第5章为时尚设计团队创新能力影响因素模型实证分析。本章是对前面章节所构建模型及问卷的实证研究，应用第4章提出的量表对相关企业的时尚设计团队进行调研；对获得的数据分别进行了聚合、描述性统计、信度与效度检验、理论假设检验。

第6章为总结与展望。本章对研究结论进行归纳，提出不足之处及未来研究方向。

本书构建的时尚设计团队创新能力影响因素模型，揭示了团队内部和外部影响因素对时尚设计团队创新能力的影响机理和作用机制，为提升团队创新能力提供了清晰的路径与方法，并为促进时尚产业的健康发展及相关企业时尚设计团队的管理提供思路及理论支持，为政府制定相应的政策等提供参考。

李 丹

2021 年 7 月

目录
CONTENTS

第1章 时尚设计团队创新能力的相关理论基础

1.1 研究背景及意义

1.1.1 研究背景

时尚产业作为文化产业的重要发展类型,必将得到迅速发展。国内外很多企业纷纷将设计作为提高核心竞争力的重要方式,通过设计提高创新能力已经成为企业关注的热点问题。随着国内外学者的不断研究,相关成果也日趋丰富,但现有研究多是以欧美地区的国家为例来探讨时尚之都建设、时尚业集聚、时尚产业升级等问题,针对时尚设计团队构建及创新能力等问题的研究还较少;以我国时尚产业为例的研究更是较为缺乏,这在一定程度上影响它在我国的健康发展。因此,有必要对该类问题展开系统的研究。随着中国从世界工厂、中国制造逐渐向中国设计的转变,中国的时尚产业有可能率先成为向全球价值链中高端升级的领军行业。每年上百场的时尚活动如中国国际时装周、上海时装周不仅激发了国内居民消费时尚的热情,更吸引了国外时尚专家、商业品牌及企业的关注。通过这个展示平台,中国时尚产业的快速发展为全球时尚业注入了多元化的价值体系。

作为时尚产业核心部分的时尚类企业,因具有产品更新快、客户需要多样化及个性化、时尚氛围多变等特点,其面临运营及管理方面的诸多问题。相关企业需结合自己的优势形成竞争力,而把握这个竞争力的关键就是激发企业的创新能力。时尚企业创新能力的提高不仅依赖个体设计师,还依靠设计团队的力量。不同于个体设计师创新,设计团队是由设计总监负责整体设计的风格、计划及管理,设计团队成员在数量方面及能力结构方面形成互补,并通过成员间不断的沟通、协调及管理实现新的创意（West，1990）[1]。按工作内容或专业范畴划分，时尚设计团队大致涵盖视觉传达设计、产品设计和环境设计三大类；而按从业方式划分，时尚设计团队包括驻厂设计和独立设计（自由设计师）两类（Skull，1998）[2]。根据设计任务的不同，如改良型的设计任务，需要设计团队在充分理解和把握原有设计的基础上发现问题，并提出改善方案；而创新型的设计任务，则要求设计团队具有较强的创新能力。如今，设计团队的创新能力已经成为衡量相关企业创新水平的核心指标。现实中，掌握全面设计能力的设计师较少，创新型设计任务的完成需要一个具有不同能力、特长人员构成的时尚设计团队。但我国时尚产业发展起步较晚，相关专业人才比较匮乏，尤其是对时尚设计师的培养和管理缺乏经验，很多企业的管理者也并不了解时尚设计团队创新的本质与内在规律。他们无法准确把握影响时尚设计团队创新能力的因素，更不能有效促进团队创新能力的提升，这些现象将会严重制约时尚设计团队创新能力及时尚产业的可持续发展。因此，如何有效地提高时尚设计团队的创新能力成了急需解决的难点问题。在这样的背景下，本书以时尚设计团队为研究对象，结合定性与定量的方法，探讨时尚设计团队创新能力相关问题。

1.1.2 研究意义

本书以时尚设计团队创新及创新能力的相关理论为基础，对时尚设计团队创新能力的影响因素及影响机理进行深入探究，并构建了时尚设计团队创新能力评价模型。本书的研究内容具有重要的理论意义及应用价值，主要体现在以下几个方面。

理论意义：本书丰富了时尚设计团队创新能力的理论研究，拓展了团队创新的研究范围，也深化了现有研究。本书通过对时尚设计团队创新能力的解构、影响因素的识别、影响机理的探究，构建了相应的理论模型，为进一步研究时尚设计团队创新能力奠定了理论基础。另外，本书从内部因素和外部因素两个方面探讨团队异质性、团队创新氛围和团队外部社会资本对时尚设计团队创新能力的影响机理，将团队社会文化学习与技术学习作为中介变量引入影响因素模型，有助于完善与补充团队创新能力理论。

实践意义：本书基于系统理论归纳和整理时尚设计团队创新能力问题，并结合企业发展的实际情况，对相关企业时尚设计团队创新能力进行解构与分析，为企业制定相关决策提供依据；本书所构建的创新能力影响因素的模型，揭开了有效提高时尚设计团队创新能力的核心环节，让人们掌握了促进设计团队创新能力提高的方法及规律，从而为企业提升创新能力提供路径和方法。同时，本书为促进时尚产业的健康发展及相关企业时尚设计团队的管理，提供设计思路及理论支撑，为政府制定政策提供参考。

1.2　文献综述

1.2.1　团队创新

1.2.1.1　团队创新研究的文献分析

　　基于对数据库权威性和期刊涵盖率的考虑，本书选取 Web of Science 数据库（包含 SCI-EXPANDED、SSCI、CPCI、CCR-EXPANDED）为文献检索来源，参考已有研究使用的关键词，采用团队创新作为主题词对文献进行检索，研究领域选择 Management，Business 和 Economics，时间跨度为 1985 年 1 月到 2018 年 6 月。将检索的文献资料载入引文分析软件 Histcite 再进行分析，检索结果显示为 6 354 篇。图 1-1 与图 1-2 反映了 1998—2018 年以团队创新作为主题词的文献数量及引文数量分布情况，从文献发表数量来看，以团队创新为主题的文献数量一直呈稳步增长的趋势，在 2005 年后增长尤为迅速；引文数量一直呈现明显且稳定的上升趋势。

图 1-1　团队创新文献数量分布

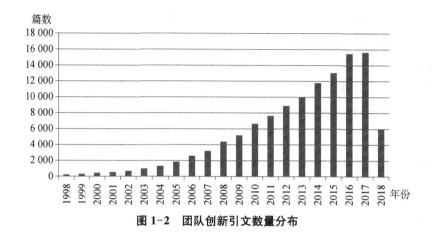

图1-2　团队创新引文数量分布

　　为了找出团队创新的重点研究内容及研究脉络,本书以"本库引用次数"(Local Citation Score,LCS)为文献重要程度的衡量指标,利用引文分析软件Histcite对排名前30位的文献进行分析。如图1-3所示,图中每一个圆圈代表一篇文献,圆圈的面积越大,则该文献被引用的次数越多。团队创新方面较有影响力的源头文献(图1-3中的51号文献)为1995年Burningham和West的文章,其中提出团队创新氛围的四个构成要素[3]。随后,由英国阿斯顿大学的West、荷兰阿姆斯特丹大学的Burningham和Anderson组成的研究团队对团队创新氛围进行了一系列研究。文献标号为136的是West和Anderson于1996年发表的论文,文中运用"输入—过程—输出"模型(Input-Process-Output,I-P-O模型)对高层管理团队的创新进行了系统的研究,提出团队过程对高管团队创新的重要性,为探索高管团队创新影响因素的后续研究奠定了基础[4]。文献标号为252的是Anderson和West于1998年发表的论文。这篇文章提出了团队创新氛围量表(TCI),该评估量表在世界范围内得到了广泛的研究和使用,是目前最有影响力的团队创新氛围测试工具[5]。文献标号为628的是West于2002年发表的论文。该文是一篇综述性文章,作者对工作团队中创造力和创新实施的理论进行了整合,认为创造力发生在创新过程的前期,创新行为的实施发生在创造力产生之后[6],并根据I-P-O模型提出了一个团队创新综合模型。文章进一步强调了团队过程对团队创新的重要性,为后续研究探索影响团队创新的团队过程因素指引了方向。该引文图的右侧呈现了另外一个研究脉络,其源头文献标号为 52 和 55 的是 1995 年由 Eisenhardt 和 Tabrizi 于 1995 年发表的论文、Brown 和 Eisenhardt 发表的论文[7][8]。这两篇文献关注的是产品开发项目团队创新相关问题的研究。

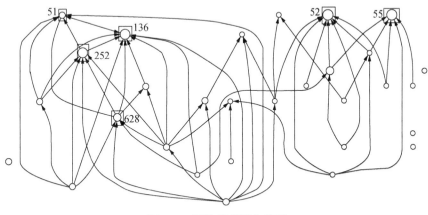

图 1-3　团队创新引文关系

1.2.1.2　团队创新研究的主题分析

为了找出当前的重要研究内容和热点,本书再次对近十年(2008—2018 年)的文献进行检索,检索文献总数为 4 848 篇。本书通过对历年相关文献的主题词进行词频统计,并对词频排名前 200 位的主题词进行逐条筛查,去除无意义词(如 team、innovation、based 等),合并同义词(如 learn、learning),最终保留 24 个有意义的主题词。本书根据 I-P-O 模型框架,将研究主题归纳为:研究对象、团队特征因素、团队过程因素和团队结果因素。各类别下的研究主题如表 1-1 所示。

表 1-1　团队创新的研究主题及词频分类

主题分类	主题词
研究对象	企业研发团队(包括新产品开发团队)
	设计团队(产品设计团队、建筑设计团队)
	项目团队
	虚拟团队
	高校科研团队

主题分类	主题词
研究对象	跨职能团队
	高管团队
	创业团队
团队特征因素	异质性
	文化
	结构
团队过程因素	知识(知识管理、知识转移、知识共享)
	学习
	领导(变革型领导)
	社会资本
	氛围
	冲突
	心理安全
团队结果因素	绩效
	行为

1.2.1.3 团队创新的维度与测量

1) 团队创新行为与测量方法

目前关于团队创新行为测量的研究,是将成员个体创新行为的测量结果整合到团队层面,并根据研究需要进行适当改变而得到的。黄海艳对研发团队创新行为的测量直接参考了 Scott 和 Bruce 编制的员工创新行为量表[9][10];王璇对团队创新行为的测量,是在 Scott 及 Bruce 的员工创新行为量表与 Chen 的团队创造力的量表基础上,整合与创建了测量团队创新行为的问卷而进行的,问卷共包括 11 个条款,例如"团队成员提出了大量新点子""团队成员为自己的想法积极进行调研""团队成员经常总结自己的成败经验""团队开发出新产品或取得了阶段性创新成果"等[11]。由此可见,对团队创新行为的测量是以员工创新行为量表为基础的,目前员工创新行为量表维度的研究主要分为以下几种。

(1) 单维说。1994 年由 Scott 和 Bruce 编制的员工创新行为量表是应用最为广泛的量表。他们以 Kanter 个体创新行为三阶段论为基础,编制了包括 6 个题项的个体创新行为量表,检验分析所得量表一致性达到了 0.89,并得出个体创新行为是单维度的构念实证结果。2000 年 Janssen 在 Scott 和 Bruce 量表的基础上,编制了包括 9 个题项的员工创新行为量表,提出了由想法产生、想法推动及想法实施构成的个体创新行为三维度结构,并且被证明三者间具有很强的相关性,由此他将员工创新行为看作单维度的构念[13]。2001 年 Zhou 与 George 发展了 Scott 与 Bruce 的研究成果,编制了具有 13 个题项、Alpha 系数达到 0.96 的员工创新行为单维度量表[12]。

(2) 五维说。2001 年 Kleysen 和 Street 通过研究和总结相关文献,认为个体创新行为主要可以从明确目标、提出创意、形成方案、获得支持、付诸实施五个方面分析;在此基础上,他们构建了相应的测量量表;但该量表存在一定的缺陷,在效度检测时并不理想,因此该量表及五个方面仅仅作为相关研究的文献参考,应用性不强[14]。

(3) 二维说。我国学者黄致凯、卢小君、张国梁、顾远东等人利用 Kleysen 和 Street 的五维度量表调研了我国多家企业,并结合我国相关企业实际发展情况,科学地提出了创新行为的产生和具体执行的个人创新行为两阶段模型,并通过实证分析验证了模型的有效性[15][16][17]。

2) 团队创新绩效与测量方法

最早研究团队创新绩效的是 Cohen 和 Bailey,他们于 1997 年提出团队创新绩效包括团队中所产生的创新思想、观点、措施、方法及方案等的实施应用,并由此带来的团队创新目的或结果的提升[18]。该观点提出之后,国内外学者纷纷提出了自己的研究成果,如国内学者刘惠琴、朱少英、Benjamin 和 Kashif 等人从另外一个角度对其进行了解释,他们认为团队的创新能力与行为对团队创新绩效有重要的影响,并且可以用这两方面评价或验证不同团队的创新绩效[19][22]。

通过梳理国内外关于团队绩效的研究成果可以发现,部分学者对团队绩效的研究往往从创新性的角度进行,但相关研究结论指出创新的过程是一个复杂的系统,其涉及的因素也较为复杂,因此学界对团队创新绩效的测量研究缺乏统一的认知,研究结果也略有不同。根据学者不同的研究视角,团队创新绩效的维度可按创新对象和创新效果划分,具体如表 1-2 所示。

表 1-2　团队创新绩效的维度划分

分类基础	分类维度及内容
创新对象	Daft(1978):管理创新和技术创新
	Alegre 和 Chiva(2008):产品创新效能、创新项目效率、流程创新效能
创新效果	West 和 Anderson(1996):团队创新数量和团队创新质量
	Dietzenb acher (2000):团队流程创新和产品创新绩效
	Lovelace, Shapiro & Weingart(2001):成果的创新性和对新想法的抑制
	Kratzer, Leenders & Van Engelen(2005):团队生产成果与团队创新成果
	刘惠琴和张德(2007)、彭正龙和赵红丹(2011):团队创新能力和团队创新行为
	Hoegl 和 Gemuenden(2001)、郑小勇和楼鞅(2009)、钱源源(2010):团队创新有效性和团队创新效率

（1）从创新对象的维度，创新绩效可划分为技术创新和管理创新[23]。其中，技术创新是一种新的技术出现，并以此为基础开发的新产品生产创新及服务创新；管理创新则包括了企业的运营管理创新、人员管理创新及营销方式创新等。在此基础上，国内外学者对其进行了深入研究，并开发了相应的测量量表。这些量表不仅包括组织的创新，而且还包括了产品创新、生产流程的创新及效率创新[24]。

（2）从创新效果的维度，1996 年 West 和 Anderson 提出团队创新绩效可分为团队创新数量和团队创新质量两方面[25]。

2000 年 Dietzen 研究了不同的团队创新绩效问题，他通过实证分析及案例分析，对不同行业的团队进行了较为全面的对比分析，提出在评价团队创新绩效时需要对团队的产品及流程创新因素进行分析[26]。2001 年 Lovelace 等人针对此类问题提出了不同的看法，他们提出以四个指标来衡量团队的创新绩效，分别为团队的技术能力、团队的环境适应能力、团队创新想法的多少以及创新结果[27]。

2005 年 Kratzer 等人对该类问题也进行了分析，并通过对比分析的方法，对比了研究对象与一般团队在创新的产生、方法、应用效果及数量等方面，以及在生产成果与创新成果方面的不同，从而分析不同团队创新绩效的水平[28]。之后国内学者刘惠琴与赵红丹等人归纳出团队创新绩效的两个维度由团队创新能力和团队创新行为两方面组成,与 Lovelace 等人提出的研究结果不同之处是将创新结果改为了产品的创新[19][29]。国外学者 Hoegl 与国内学者郑小勇等人则从团队创新有效性和团队创新效率两个维度评价了创新性项目团队的整体绩效[30][31]。

3）团队创新的影响因素

团队创新是一个复杂的系统工程。这个过程不仅受到团队成员自身的知识结构、技术能力、领导者以及团队本身等因素的影响,而且还受到当前的科学技术、组织内外部的环境、相关政策等的影响。

各国企业为了解决这个复杂的系统工程,需要将相关领域的人员组建为一个团队,发挥各个团队成员的优势,通过合作实现"双赢",最终实现创新。目前,企业通过团队创新扩大了产品的种类、功能、质量等,这为增强企业的核心竞争力提供了保障。由此,国内外学者纷纷加入了该主题的研究,Mok 研究了技术创新对设计师团队创新的重要作用,他们探讨的这款服装设计系统可以为客户提供一个与设计团队交流的平台。在这个平台上面,客户可以选择相应的设计款式、色彩、图形等。当然该平台是建立在人工智能算法的基础上,它具有丰富的数据库系统,可以帮助客户选择出满意的设计产品。该平台的建立促进了设计团队创新的模式的建立,让真正的用户参与设计,从而创造出风格多样的产品,以满足消费者的需求[32]。Peroni 等人研究了现代科学技术对团队创新产生的影响,随着大数据、云计算、人脸识别技术等的飞速发展,该项技术也正在被服装设计师们所应用,他们的设计团队经常会使用到这些技术,它们极大地促进了设计师团队的创新发展。设计师团队成员不仅利用技术进行设计创新,还利用这些技术分析客户的需求以及当前流行的趋势,为团队创新提供了有力的保障[33]。Kralisch 等人研究了新技术与团队创新间的联系,他们指出,技术的不断发展,为团队创新提供了必要的物质基础和技术保障;随着新技术的不断发展,它也将面临来自环境与社会的不断挑战,例如,欧洲制定了一个"地平线2020"框架计划,并以此来为企业创新行为提供一个范式[34]。Fan 等人研究了交互记忆系统(TMS)如何影响个人的创新行为以及团队创新力,他们分别调查了 86 个团队中的 475 名成员,并构建了一个多层次的调解模型,通过研究发现,TMS 与个人创新行为及团队创新存在着密切的联系;同时个人可以通过该系统提升自身的心理素质、知识及经验,由此带动团队的创新能力[35]。Harvey 等人针对跨组织团队创新问题展开了研究,他们认为,团队创新效率与组织知识存在着密切的联系,它们与团队成员的动态、创新流程及结果等有关。他们为此构建了一个数学模型,以阐述跨组织团队的合作模式及发展路径。他们基于知识多样化更好地描述了该类组织的复杂性[36]。Wang 等人基于上层梯队理论,对 2006 年至 2015 年上市的 16 家银行高管团队的多样性作用于银行创新能力问题进行了分析,研究结果表明,不同性质的银行,高管团队的多样性对其创新能力的影响也不尽相同。在国有银行,年龄、教育水平和经验多样性显著影响银行的创新能力;但在非国有银行中,年龄和教育水平多样性显著影响其创新能力,经验多样性不再重要;在竞争激烈的市场背景下,商业银行必须加快金融创新,提升银行创新能力和核心竞争力,以使其更好地适应市场发展。该研究为加强银行培训,提高团队建设创新能力,优化团队结构提供了理论支持[37]。Paletz 等人研究了成功与不成功的设计团队如何处理团队冲突的问题。他们指出,成功的设计团队会利用人际冲突减轻设计过程中存在的不确定性因素,反之,不成功的设计团队往往会受到冲突的影响,造成设计目标及任务失败[38]。针对设计团队成员间的互动方式,Behoora 和 Tucker 对创新影响的问题进行了研究,他们为了更好地了解成员间的互动情绪以及肢体语言,他们给参与实验的人员穿上了情绪自动传感器,该方法测出被实验者情绪状态的准确率超过 98%。它可以了解设计团队成员个体的情绪状态,并且可以量化人际交往以及怎样影响最终的设计结果。通过实验,他们提出有 8 种肢体语言与设计团队的创新活动有关。该方法的推广与应用,可以更快、更准确地评估团队成员的情绪状态(例如,低参与度、中参与度和高参与度,而不是单一的参与状态)。而且,这种方法为设计团队互动的深度分析打开了大门,处理他们的情感状态、生产力以及设计过程中的关系,从而可以更科学地组建设计团队,提高创新的效率[39]。Wardak 研究了小型设计团队成员间采用多种交际模式进行设计内容沟通及共享的问题,其中包括谈话、凝视、姿势、手势、通信等,在这些方式中明确最重要的沟通方式,进而掌握团队协作的关键。研究发现,在整个沟通环节,谈话具有高度的语境性,手势可以促进相应资源的使用,指明谈话中的重点内容;有关该类问题的探讨可以为团队知识的共享及提高团队效率提供支持[40]。Price 等人研究了以设计为导向的创新框架开发问题,其中他们提出通过设计来阐述主题的三类方式,并认为对产品的阐述是表达设计团队设计理念及目标的一种方式,同时它也可以让消费者了解该产品的特色在哪里,从而起到宣传的作用。这种途径可以克服设计主导带来的固有限制,让设计者直接接触消费者,并且满足所有利益者的需求[41]。Sosa 等人针对企业在面临产品创新时,是该选择将整个组织进行重组变革以适应产品的创新,还是选择组建一支富有创造力的团队,提出了相关解决方案。针对此类现象,他们提出企业在日常的工作中应该要对相关产品的创新进行提前的模拟,通过模拟行为发现优秀的团队领导者以及可以胜任的设计团队成员。因为此类模拟行为,可以获悉企业创新的深度与广度,从而为领导决策提供依据。当然这个模拟的过程也可以通过计算机来实现,这样会更加方便,而且可以吸引更多的人参与其中,从而推动企业的创新[42]。Gibbs 研究了虚拟团队人员构成对创新的影响,他们将其分为不同的类型,然后分析了这些团队的领导力、文化知识构成及专业技术使用三个方面;研究发现,不同类型的虚拟团队在这三个方面的配置各不相同,往往应该根据他们完成的设计任务进行适当的调整[43]。

通过以上分析可以发现,国内外学者对该类问题进行了深入分析,他们针对影响团队创新的相应因素进行了分析,部分学者提出相应的理论模型。其中,最具影响力的是国外学者 McGrath 提出的 I - P - O 模型,他提出影响团队创新的输入变量由团队整体、团队成员、团队运作环境三类构成。通过进一步研究,他指出这些输入变量经由团队互动过程影响团队产出[44]。在该模型提出之后,许多学者以此为基础构建了不同的模型,它为相关研究奠定了重要的基础。在影响团队创新的因素中,在团队任务的指导下,模型中的"输入"主要包括团队成员特征、团队结构特征、环境特征等,可分为个人、团队与环境三个层次;"过程"主要指团队中人际互动质量以及一些社会心理因素;"输出"即团队创新绩效和团队创新行为,是团队输入和团队过程共同作用的结果[44]。本文根据 I-P-O 模型的框架,结合上文对团队创新主题词频的统计,从团队特征因素和过程因素两个视角对团队创新影响因素研究进行了系统的梳理。基于团队特征的团队创新研究包括成员特征、结构特征和环境特征等,具体影响因素是团队异质性、组织结构、组织文化。团队过程因素包括团队内部的认知和行为过程因素,其主要包括团队学习、团队冲突、团队创新氛围、知识共享、团队领导行为、社会资本、心理安全。表 1-3 对相关学者及其观点进行了汇总,给出了这两种视角下的各种影响团队创新的因素。

表 1-3 团队创新的影响因素

视角	影响因素	操作变量	学者(年份)
团队特征因素	团队异质性	关系导向属性(性别、年龄、个性)	Jackson（1993）[45]、Van Knippenberg[46]（2004）
		任务导向属性(职业背景、受教育程度、知识和技能、功能)	West[6]（2002），王兴元（2013）[47]，段光（2014）[48]
	组织结构	(集权化、层级结构、规范化和专业化)(集权程度、反馈速度、部门整合能力)	Pertusa[49]（2010），刘景东等[50]（2013），齐旭高等[51]（2013）
	组织文化	挑战性、激励	Thong 等[52]（2015），Buschgens 等[53]（2013）
团队过程因素	知识共享	(隐性知识共享、显性知识共享)(知识转移、知识整合、知识吸收)	Hu[54]（2014）
	团队学习	团队学习、从错误中学习、合作性学习、学习氛围	陈国权[55]（2007），Bosch 等[56]（2014），Huang 等[57]（2015）
	团队冲突	建设性争论、少数派影响	Dreu[58]（2006），Tjosvold[59]（2010），Nijstad 等[60]（2014）
	团队领导行为	交易型领导、变革型领导、魅力型领导、真实型领导、团队水平领导成员交换关系	Paulsen N 等[61]（2013），Nijstad 等[62]（2014），Cerne 等[63]（2013）
	团队创新氛围	目标认同、参与安全、任务导向、创新支持	Anderson 和 West[5]（1998），West[6]（2002），隋杨[64]（2012），Somech 等[65]（2013），Liu 等[66]（2014）
	社会资本	结构资本、关系资本、认知资本	Cabello 等[67]（2011），唐朝永等[68]（2014），曹勇等[69]（2014）
	心理安全	团队心理安全感	Les[70]（2011），Post[71]（2012），杨付等[72]（2012），GV[73]（2013），黄海艳[74]（2014）

1.2.2　创新能力

1.2.2.1　创新能力研究的文献分析

本书选取 Web of Science 数据库(包含 SCI-EXPANDED、SSCI、CPCI、CCR-EXPANDED)为文献检索来源,参考已有研究使用的关键词,采用创新能力作为主题词对文献进行检索,研究领域选择 Management、Business 和 Economics,时间跨度为 1985 年 1 月到 2018 年 6 月。本书将检索的文献资料载入引文分析软件 Histcite 进行分析,检索结果显示为 5 811 篇文献。图 1-4 则显示了以创新能力作为主题词的文献发表数量(Recs)情况,从 1990 年的第 1 篇文献到 2017 年的 518 篇文献(由于搜索时间跨度原因,2018 年度文献数量低于 2017 年)。从总体发展趋势来看,文献发表数量一直在稳步上升,每年的文献数量增长速度也比较稳定。在引文数量方面,本地引用文献数量(LCS)和全球引用文献数量(GCS)分别在 2000 年和 2002 年达到极大值,说明 2000 年和 2002 年发表了数篇在创新能力研究领域和其他领域具有影响力的文献。由于 LCS 和 GCS 反映文献被引用的次数,最新发表的文献被引用次数降低,因此 2007 年以后的 LCS 和 GCS 呈下降趋势。

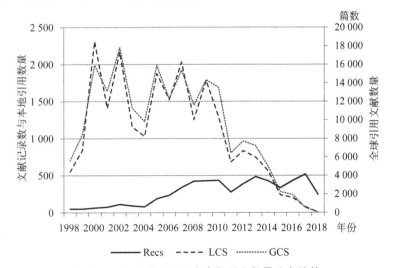

图 1-4　创新能力文献发表与引文数量分布趋势

注:LCS 和 GCS 反映文献被引次数,较晚发表的文献被引频次较低,因此近年呈下降趋势。
资料来源:根据 WOS 数据库及 Hist Cite 软件综合整理。

通过文献发表数量和引文数量可以看出,创新能力的研究逐步受到重视,其中,团队创新能力已经成为近年来研究的热点。例如,国内外 *Research Policy*,*International Journal of Technology Management*,*Strategic Management Journal*,*Journal of Product Innovation Management*,*Journal of Business Research*,*Organization Science* 以及《科研管理》《管理学报》《南开管理评论》《科学学研究》《科学学与科学技术管理》等重要期刊陆续发表了有关论文。通过相关文献的研究结果可以看出,国内外关于创新能力的研究已经形成较为成熟的理论体系,创新能力可以分为组织创新、企业创新、团队创新和个体创新。其中,团队创新能力在创新能力研究领域方面将会成为重点问题。

1.2.2.2 创新能力影响因素

创新能力最早由 Burn 和 Stalker 于 1961 年提出。自他们提出该概念以来,国内外学者逐渐针对该理论进行研究。经过学者们的共同努力,目前该理论已经逐渐成熟,研究成果也日益丰富。其中,部分学者认为,创新能力与技术创新关系非常密切,如 Koc 等人将其称为"企业产生新产品、新工艺以及改善现有产品与工艺的能力"[75]。Amabile 将创新能力定义为,个人或小组成员通过一起工作产生新颖的、有用的新想法[76]。Woodman 等人认为,创新能力是指由多个人共同组成一个团队,他们间相互促进、相互努力,从而产生不同的创新想法,并通过新产品、新服务、新过程及流程等将这些新的创意付诸实施[77]。Romijn 指出,创新能力就是改变原有产品与工艺不足的综合能力,这些能力不仅表现为开发新产品时所具有的能力,而且与其他方面的能力也相关[78]。这些定义不仅涉及了技术创新,还涉及知识及组织等对创新带来的影响。

部分学者基于其他角度对创新能力进行了研究。例如,Szeto 认为,创新能力是指相关企业或创新人员面对内外部环境的变化,可以及时作出相应的改变,提出新的创意,并将该创意付诸实施,加工出新的产品,改进新的工艺,完善新的系统等方面的能力[79]。

Zhao 等人则从其他方面提出,创新能力是一个组织提出新的创意,拥有创造性思维,并可以利用所掌握的知识及技术等为企业活动提供相应的市场价值[80]。Lawson、Samson 与 Zhao 等人的研究有相同之处,他们强调在创新活动过程中应该将所掌握的知识、技能及其他资源与创意进行有效结合,从而持续地产生新的产品、流程、服务等,并为公司带来相应的价值[81]。这些定义突出了创新能力是一种过程能力的特征,但学界缺少对其内在构成方面的研究。Crossan 与 Apaydin 则基于此角度对相关企业进行了实证分析,通过不断地调查走访,他们认为,创新能力是一个知识及技能不断转化的过程,该过程中存在新知识或技能的接受、消化及发展等,这一系列的活动可为企业提出新的工艺、流程、服务及制度等方面的改变及更新方法[82]。

部分学者从创新结果的角度对创新能力进行分析,Mumford 与 Gustafson 认为,创新能力就是生产新颖的并具有一定社会价值的相关产品[83];Andrews 与 Smith 则提出,创新能力是指相比于原来的产品,现有产品在性能或外观等具有一定的创新与改变[84];Dahl 等认为,创新能力就是指与竞争性产品相比具有不同之处,并且对客户来说具有一定的社会意义[85]。

面对竞争激烈的国际市场,各国企业纷纷将提升创新能力作为发展的重要动力源泉,它由此也成了国内外学术界与企业界研究的热点问题,其主要分为个人、团队、组织、区域及国家不同层次的创新能力[86]。这几类创新能力相互影响,但并不是简单的相加,它们之间存在着一定的差异。目前,对于该类问题的研究已有较为丰富的研究成果。通过对相关文献的梳理,发现早期对创新能力的研究以制度理论为基础,认为制度是创新能力的重要影响因素。1997 年,Balachandra 等人对科研项目和产品创新项目的创新决定因素进行深入研究,他们通过长时间的调研与分析,认为可以影响创新能力的情景变量包括市场、技术、环境和组织,它们可以对其起到重要的作用[87]。随着研究的不断深入,更多的学者开始关注影响创新能力的因素以及如何测量这些因素。吴延兵提出,我国企业在技术创新能力方面表现出一些不同特点,因为企业的产权性质差异使企业在技术创新能力方面存在不同的特征,例如,混合所有制企业技术创新能力相对较强,外商投资企业也具有一定的优势,而私营企业近年来面对产业结构的调整也加大了在该方面的投入力度[88]。技术创新能力,一方面为企业带来了更强的核心竞争力,不断提高企业的竞争优势;另一方面,它可以不断优化企业的产品、服务及流程等,为企业带来活力[89]。技术创新不仅是创新能力的重要表现,更是其可持续发展的重要保障[90]。

张宗和与彭昌奇运用经过改进的格瑞里茨和杰菲的知识生产函数模型,结合我国企业发展的特点,截取了我国 30 个省技术创新主体投入产出 2005—2007 年的面板数据进行深入分析,他们提出对技术创新有重要影响的因素包括制度因素、R&D因素及市场因素[91]。吴爱华与苏敬勤则以我国157家相关企业为研究对象,探讨了人力资本因素对企业的突破性创新能力和渐进性创新能力的影响,并进一步分析了它们对创新绩效的作用;通过研究他们认为,人力资本的强弱对这两个方面都会产生一定的影响,并且在不同环境中的表现有一定的差异[92]。刘昌年等人系统地分析了国内外相关研究成果,为了更好地体现我国企业的特点,提出了相应的影响因素,主要包括市场、技术、企业吸收能力、战略规划、公司治理及全球价值链等方面,这些因素的共同作用可以促进企业创新能力的发展[93]。针对此类问题,学界也存在不同的观点。例如,Dan等人探讨了技术创新与设计创新的区别与联系,他们认为,随着全球化的飞速发展,设计创新对客户的需求影响越来越大,很多大型公司已经纷纷加大投入设计创新经费,例如,服装行业的公司;他们认为,设计创新将会超越技术创新成为相关企业发展的重要源泉,并且它可以为企业带来更大的收益[94]。这些国内外学者探讨了技术创新的相关影响因素,并对其发展路径进行了分析,也有部分学者分析了其他影响因素。例如,郑绪涛采用实证分析法对我国的30个省份相关企业进行了研究。他认为,R&D、人力资本、市场、技术以及相关政策等都会对企业的自主创新能力产生积极的影响,尤其是R&D因素对企业的影响较大,对科研院所的作用不显著[95]。

许庆瑞等人以我国海尔集团为例进行了纵向案例分析,他们从核心技术知识所处边界的角度深入分析了二次创新能力、集成创新能力和原始创新能力的关系,探讨了我国企业在面对产业结构调整及升级的背景下,走自主创新的动因、路径及特征等问题,并且他们提出影响企业创新能力的因素包括内部和外部因素两个方面[96]。李静与马宗国同样采用案例分析法对我国的多家公司进行了分析,但他们主要是针对中小企业创新能力问题,研究后他们提出R&D、市场、内外部环境、企业家精神、合作主体以及合作意愿是影响该问题的主要因素[97]。谈甄等人则采用了不同的方法来研究此类问题,他们分别采用了定性与定量的方法分析产业集群中知识创新能力的影响因素,并提出知识的个体、系统及创新环境对创新能力的影响[98]。夏晖等人采用了结构方程模型,分析我国制造业部分上市公司的负债率、高管激励、股权结构等对企业创新能力的影响,通过研究他们发现,这些因素对处在不同生命周期的企业所产生的影响有一定的差异,例如,对高管的激励行为可以对处在衰退期的企业创新能力的提升起到促进作用[99]。

王文寅与梁晓霞以山西省相关企业为研究对象,提出科技创新是提高企业创新能力的重要驱动力,并且受到知识、创新环境、创新投入等因素的影响[100]。Park 等人以建筑类的企业为例,研究了影响此类企业创新的影响因素问题,经过系统的调研,他们提出影响其发展的因素包括创新想法、设计、供应商等,这些因素会影响到具体产品的设计及标准化[101]。

1.2.2.3　创新能力评价

吕一博与苏敬勤采用实证分析法对我国 235 家中小企业创新能力评价问题进行了研究,并构建了相应的评价指标体系。该体系由创新发起能力、创新实现能力和创新推广能力三部分构成。通过实例分析,他们验证了评价体系的有效性[102]。赵炎与孟庆时采用派系过滤算法研究了我国 11 个高科技行业联盟行为对企业创新能力的影响。为了更好地分析此类企业结派行为对创新能力产生的影响,他们设计了模型并对其进行评价[103]。张晓明则采用了粗糙集理论与 AHM 相结合的综合法来计算评价指标的权重,该方法避免了主观赋值法及层次分析法的不足,提高了评价的科学性及有效性[104]。谷炜等人结合我国企业发展的特点,构建了更符合我国国情的工业企业技术创新评价指标体系[105]。徐立平等人则在借鉴相关学者研究成果的基础上,构建了由创新投入、研发、生产、产出、营销与管理 6 个一级指标,以及 13 个二级指标构成的企业创新能力评价指标体系[106]。Lei 等人采用了模糊综合评判及灰色关联度等方法,对工程团队创新的现状进行了研究,他们结合这些企业的特点构建了由资源投入能力、社会影响力、国内辐射能力和可持续发展能力构成的指标体系[107]。

魏江与黄学采用多种研究方法研究了我国高新技术企业创新评价问题,并构建了一套符合我国高技术服务企业特征的评价指标体系。该指标体系由创新投入、创新过程、创新产生及加分项构成[108]。罗洪云与张庆普结合我国科技型中小企业的发展特点,基于知识管理理论将突破性技术创新能力分为模糊前端创意生成能力、研究开发能力、中试生产能力、商业化能力和新技术标准推广能力,并在此基础上构建了相应的评价指标体系[109]。李美娟等人在总结国内外相关学者研究成果基础上,结合其调研与分析,构建了由区域技术创新投入能力、转移能力、创新产出能力、支撑能力构成的评价指标体系,为了研究它的有效性,他们对我国 31 个省 2005—2007 年的数据进行了实例分析[110]。杜娟与霍佳震则针对具体城市的创新能力评价问题进行了研究。他们调研了 52 座重点城市,提出了综合考虑共享投入和分阶段产出的,人才培养和科技创新两阶段数据网络分析模型,为综合评价提供了重要的理论依据[111]。熊曦与魏晓运用"要素—结构—功能"的分析范式,验证了反映国家自主创新示范区创新能力的要素、结构和功能指标体系,并提出了各指标体系的不足之处[112]。Hauser 等人研究了区域创新能力或水平的综合评价问题,他们认为传统的综合评价指数会受到相同驱动因素的影响,例如,各类创新政策等。针对这个不足,他们提出了三大类综合驱动力及六点创新指标。该评价体系可以更好地适应不同地区的发展情况,为相关研究提供一定的借鉴[113]。

1.2.3 时尚设计团队创新能力

创新能力是企业生存和发展的基础。而作为典型创新型企业的设计类企业,创新能力更是影响其核心竞争力的关键因素。随着时尚产业的发展,部分国内外学者对时尚设计团队创新能力进行了相关研究,但是相关研究并不多,研究对象主要集中在工业设计团队、时尚设计团队、服务设计团队等,研究内容主要涉及团队创新能力的内涵、影响因素、影响机理、团队创新绩效、评价等。

1.2.3.1 时尚产业

对于时尚产业的界定,学术界尚无定论。时尚产业难以界定的原因在于时尚产业边界比较模糊。如果仅仅从直接满足人对使用价值的追求上来说,时尚产业是一个经济部门,但是时尚产业在本质上更多的是要满足人们的心理需求、审美需求,同时又表现出超经济的特征,因此具有文化产业、创意产业的某些特点。时尚产业所面临的消费为"引人瞩目消费",即消费者决定购买"引人瞩目的产品",不仅取决于产品的功能,更取决于其社交需要,因此时尚产业要满足消费者的此种需求。从产业链的角度来看,时尚产业包括时装、化妆品、皮具、饰品、手表、眼镜等的生产制造、批发零售、租赁和商务服务以及时尚文化内容;广义的时尚产业则包括产业的上下游,即制造时尚、贩卖时尚、传播时尚、服务时尚的综合体。从综合视角来看,时尚产业不是一个独立的产业门类,而是对各类传统产业资源要素,进行整合、提升、组合后形成的一种较为独特的产业链,是多产业集群的组合。中欧国际工商学院发布的中国时尚产业蓝皮书从时尚产业的表现形式,将时尚产业划分为三个层次:核心层是对人体进行装饰和美化;扩展层是对人在生活和工作中所处的小环境进行装饰和美化;延伸层是对人生存和发展中相关的事物和情状进行装饰和美化[114]。时尚产业的产品表现形式如表 1-4 所示。

表 1-4　时尚产业的内涵

层次	内涵	内容
核心层	对人体进行装饰和美化	时装与服饰（核心）、鞋帽衬衫、箱包伞杖、美容美发，珠宝首饰、眼镜表具等
扩展层	对人在生活和工作中所处的小环境进行装饰和美化	家纺用品、家饰装潢、家居用具等
延伸层	对人生存和发展中相关的事物和情状进行装饰和美化	手机、MP3/MP4、数码相机、动漫、电玩等

1.2.3.2　时尚设计团队

时尚设计团队是由一群负责设计并创造产品的人组成的集体,时尚设计团队也被称作"项目组"或"开发组"。对于一名设计师而言,无论其能力大小,首先应该是一名参与者。但这不意味着设计师要让出控制权,而是设计师需要在团队合作中借助合作的力量寻求控制权。设计师作为一个参与者,扮演着不同的角色,如领导者、协调者、专家、评审、主管和发起人,在不同的角色中设计师承担相应的责任。Brown 对设计团队进行了深入研究,他通过对设计团队的大量调研,对典型的设计团队构成和设计师的角色与责任进行了总结[8]。他认为,典型的设计团队就像一个家庭,拥有核心成员,并在此基础上不断扩展,有时会融入投资方和业内专家。典型的设计团队构成如图 1-5 所示,设计团队由核心成员、项目经理、业内专家和投资方代表构成。

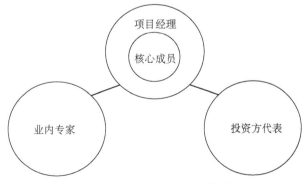

图 1-5　典型的设计团队构成

　　在时尚设计团队中,不同类型的人扮演不同的角色,同时担负着相应的责任。在典型的设计团队构成中,核心人员一般是设计师。设计师是设计团队最主要的构成人员,负责构思和汇总,如对产品的工作原理、外观或功能进行设计。一个设计团队可能涉及多个专业领域,每个领域都有相应的设计师,这些人中最具有创造性视角的人应该成为领导者。项目经理负责制订计划,确保计划准确高效执行,保证团队和成员顺利完成项目。在一些设计团队中,首席设计师身兼项目经理一职,可使团队工作能够在设计师的掌控下有序进行。设计团队中的业内专家负责在设计过程中建言献策,他们可能是产品的使用者,也可能是在该产品领域内见解独到的资深专家。设计团队中的投资方代表对设计项目的成败负全责,他们掌握财政大权,是设计项目中的实际控制者和最终受益者。在时尚设计团队实际工作过程中,部分成员身兼数职,在团队中同时扮演不同的角色。

1.2.3.3　时尚设计团队创新

　　Minder 针对时尚设计师团队在设计环节中的灵感来源及设计理念获取时所需的必要刺激进行了研究。他认为,所有的设计师包括时尚类设计师在创新的过程中需要将自己置身于很多角色,这样可以体会到被设计者的感受。他们往往会打破常规,带着批判的视角去看待一切,如改变现有的方法、框架及材料等,这样会让时尚设计团队中的人员感受到很多新的东西,也有利于产生较好的创新氛围;这项研究体现了时尚设计团队以用户为中心提高团队创新能力的发展路径[115]。Durão 则针对研发团队设计时时尚类产品时需要相应的原型来辅助的问题,他们提出该类原型具有收敛性及发散性的特征,分别组建了多个跨学科的时尚设计团队来实现设计的目标。通过一系列的设计工作,他们认为,原型的特征会激励团队的创新,并会影响到最后的设计成品[116]。Dove 等人采用多种方法研究了时尚类设计团队创新实践活动,他们分析了团队的外部环境认知、分组设置、相关语义分类等。在分组设置中,他们发现设计理念及主题是以便利贴的形式展现出来,这被认为是新兴语义网络中的节点,并且它与外部环境认知及相关语义分类有着密切联系。当然在这个创新实践过程中,设计团队成员还利用了其他工具,如借用电子表格列出他们的想法以支持他们的设计实践[117]。Pavie 等人认为,在设计团队创新过程中应该确定明确的责任制度,以此来约束相关的设计行为,尤其是以用户为中心的设计方法,更加约束设计团队实现具体目标时所走的流程及使用的方法;确立了责任制度的设计团队在面对不确定性问题时可以形成预案,从而形成一种关注客户需求、业务需求及技术需求的创新工作流程;该流程与传统的工作流程相结合会达到更好的效果[118]。

在时尚产业的发展过程中,运营成本越来越高,相关产业的管理者纷纷寄希望于创新来改变这一现状。他们认为,创新不仅可以提高企业自身的核心竞争力,而且可以为这个行业带来新的资源、新的客户以及新的市场等,只有这样,才可以促进整个产业的可持续发展。Ross 从设计师团队创新角度对这此类问题进行了分析,他提出了一个新的范式。该范式由价值创造、价值效用、价值设计、价值创新四个方面构成,最重要的是制造商也要明白此范式的应用。同时,他还指出,创新的方法包括价值创作策略、设计、科学与技术、艺术;在实际的应用过程中需要综合考虑这四个方面;此研究范式为研究设计团队创新提供了重要的理论依据[119]。针对该类问题,陈国栋从目标、政策、手段和资源四个维度构建了设计团队知识交流的框架,并应用此框架深入地分析了设计团队的知识交流对创新绩效产生的影响[120]。Rahman 等人同样研究了知识对分布式协作设计团队创新行为的影响,他们以设计团队为研究对象,分别分析了其在时尚产品设计、网页的制作以及相关软件的设计等方面,面对复杂的信息或不同设计对象时,如何提高团队成员间的知识共享,促进相关团队成员间的设计同步,提高设计的效率的问题[121]。Hilary 同样研究了分布式团队中设计信息的分布式储存问题,由于现在分布式设计的信息太多,难以找到。这种信息变化的趋势太快,而且这些信息往往质量参差不齐,在分布式设计实践中关键信息不完整,例如,人、地点和时间等信息不全。这可能会导致相关产品开发时出现漏洞,有时候团队成员缺少存储这些信息的指导性说明,这就为后期的信息共享带来了不便。因此,需要在分布式团队中鼓励成员频繁地交换信息,以降低不能面对面交流或接触带来的弊端,从而促进协作,提高团队的凝聚力[122]。

Lee 与 Cassidy 以中国台湾地区的设计团队为例,探讨了团队领导者有效管理与创新关系的问题。首先,他们提出的有效管理面临许多挑战,例如,采用新颖的想法可能会增加成本,延长开发时间,危及产品质量。其次,他们要考虑老板或客户的意见,并在改变中做出让步,从而满足他们的需求。最后,监管条例越来越多。事实上,这些要求会阻碍设计师及其团队创造的热情,并在他们的设计中扼杀创造性的品质及设计。因此,他们提出,良好的设计领导者必须具有的特征包括可靠性、开放性、慷慨、热情、专业能力和体贴员工。优秀的设计领导者必须注重培养与设计师团队成员的人际关系,而且应该持有客观态度和良好价值观,倡导平等,敢于授权,关心和保护下属,鼓舞士气,善于挖掘个人价值,创造性地挑战现状,不断识别和探索新领域,拓宽领域设计活动范围,激发创造力,并奖励对团队有贡献的成员[123]。所有的团队创新都会涉及信息的沟通、人际关系的互动,尤其是在时尚类团队中,这种交际包含着重要的信息交流。Greasy 和 Carnesa 针对团队成员交际关系的问题进行了研究,他们主要探讨了团队中存在的欺凌问题。通过调查,他们发现,这种现象普遍存在于不同的团队中。该类现象发生的原因有很多种,但它产生的后果是比较严重的。这不仅会影响团队成员的创新能力,而且会制约成员工作的热情,从而影响团队的工作效率[124]。

知识产权对时尚设计类设计师及团队非常重要,他们在创作过程中会出现较多的专利及创意,因此深化对该类问题的研究具有重要意义。Olaisen 与 Revang 研究了知识产权对团队创新带来的影响,他们以全球 8 个相关公司为例,历时 1 年对相关团队进行了 24 次深度访谈。通过研究,他们发现,注重保护团队知识产权的企业会建立和保持团队的信任,而这是团队继续创新的重要根基,因为它提高了团队的创新能力和渐进式创新能力,并且有助于形成良好的知识共享氛围,成员可以在一个较好的环境中提出更多的创新方案。信任对团队合作有积极的促进作用[125]。Bosch-Sijtsema 等人研究了 3D 技术在辅助设计团队创新过程中的重要性。该技术在促进团队信息共享、角色互换、模拟学习、产品设计及制作等方面具有较好的效果,它将会促进团队创新的变革与发展[126]。

Hernández-Leo 等人研究了一个 LdShake 平台。该平台可以为时尚产业相关设计团队人员提供有效的支持与保障,这些支持体现为设计信息的快速共享、共同编辑、精准搜索、交流互动、学习知识以及分析用户行为等。它为设计团队创新提供了技术方面的支持[127]。Cubukcu 等人同样研究了为设计相关产业团队创新技术工具所起到的重要推动作用,这个工具就是一种开放式创新门户网站。它为全世界的许多创新者提供了高效且便捷的服务,它采用的 QFD(quality function deployment,以下简称 QFD)设计方法可以听到客户的声音。其中,它会根据客户对产品或服务的要求进行检测,从而符合客户要求。该网站也存在一些问题,例如,它们可能无法促进创新企业之间的密切合作,因为某些公司可能不想与开放式创新门户网站分享他们的知识产权。另外,在某些门户解决方案中,创新者可能无法获得有关该方案的详细信息;而且他们无法确定被拒绝的解决方案是否会被其他人使用。因此,该类网站应该更加健全与透明,目前它所具有的优势是一种促进团队创新的重要方法[128]。Toh 等人以设计团队为例,研究了主题选择与技术可行性方法在创新设计过程中的重要性,他发现在整个过程中,团队应该激发团队成员的创造力,并且团队成员需要多次讨论或调研才能确定创新的主题,而不是随便确定,这对于产品后期的创新至关重要[129]。

Rejeb 等人针对产品设计市场客户需求不断变化的背景,提出产品创新表现为在物理层面上设计产品或一个产品系列,但不同的产品系列在数量可能存在很大差异。这难以满足市场的全部需求,为此他们以一种新的方法分析现有产品的功能和物理结构,其目的是对这些产品设计系统进行集群化处理,以此优化现有装配线系统。其中的混合功能和物理架构图可用来描述产品系列之间的相似性特征;他们认为可以通过这样的改变有效提高相关产品的创新发展[130]。Ceschin 与 Gaziulusoy 探讨了时尚类产品可持续性创新的相关问题,并从产品、产品服务系统、空间——社交和社会技术系统提出了四点创新发展模式。这一创新促使相关设计的重点逐步从技术和产品扩展到大型规模系统。这种可持续性的发展模式是一种对社会技术的挑战,这将有利于促进传统与现代的重叠与互补。由这四个创新点构成的可持续设计发展模式,不仅可以让相关设计团队在复杂的环境下使用,而且可以成为相关企业组织变革的工具,促进企业战略及工作流程的优化[131]。

Mccomb 等人针对小规模的时尚设计师团队创新能力进行了评估,他们构建了相应的数学 CISAT 模型,并采用了一种模拟退火启发式算法对其进行求解,得出了团队成员构成的基本特征。他们认为,这些特征间存在着高度的相关性,通过 CISAT 模型可以较好地解决,设计团队中存在成员间交流互动对创新的影响问题。同时,他们又指出该模型也存在一定的不足,如该模型智能为扁平式的企业组织架构进行服务[132]。之后,他们又研究了高效率与低效率的时尚产品类相关设计团队在创新过程中的表现,在拿到设计方案后他们通过分析客户提出修改意见,与竞争对手可能会引入新技术来实现创新突破,借此来验证两组设计团队的工作效率。通过研究,他们发现,低效率的团队往往在创新过程中存在较多的意见分歧,而且这些分歧并没有集中在设计领域的重点问题。高效率的设计团队往往可以化繁为简,集中优势区突破设计的重点问题。因此,他们构建了一个目标取向、自我加强的认知负荷和心理因素的模型;他们提出应该通过鼓励来刺激缺乏协助的团队,从而让他们较快地定位设计的重点目标,这与团队的执行能力有很大的关系[133]。D'souza 则对时尚类的新媒体设计团队进行了为期 5 年的调查,这个团队的人员包括行业合作伙伴、学生和国际设计研究专家等,他认为在这个创新过程中,团队成员不仅需要有效的沟通与协作,而且需要团队成员在熟悉相应的工作流程基础上,利用相关的设施设备、数据软件及工具,这样才可以实现有意义的用户行为融合,从而提高创新效率[134]。Ceccarell 针对时尚电子类产品设计创新提出的观点,主要包括当前流行的智能机器人的设计与开发,团队在该类产品的设计创新过程中不仅要了解传统的相关理论,还需要掌握运动学及机器人学的专业知识,同时还应构建一个共享平台以吸引更多的人投身该类产品的创新研究,这样就可以充分地激发团队成员的创新能力[135]。

1.2.3.4 时尚设计团队创新能力影响因素

设计团队创新过程是一个复杂的系统过程,涉及的因素也较为多样,不仅包括团队成员的专业知识、知识的共享、团队成员间的交流、团队创新氛围,而且还包括团队成员的个性特征、领导力等。有关此类问题的研究成果较为丰富,例如,Saran 等学者认为,团队成员个人具有的专业知识对团队创新具有重要的影响,因为任何设计任务都需要以专业知识作为基础,它已经成为创意产生的重要条件,另外专业知识的共享对它的影响也是显著的[136]。知识共享的本质是信息的沟通与交流,通过知识的整合与吸收团队成员能够更好地利用有限的信息和资源产生更多的创意,大家的讨论可以对团队成员的新创意起到"把关"的作用,提高新想法的采用率[137]。比如,Kurtzberg 和 Amabile 研究发现,团队创意方案的产生有赖于成员间的知识共享[138];Liebowitz[139]与 Muller 等[140]的研究也支持上述的观点。Scully 等从战略人力资源管理和知识管理的角度提出,组织应将隐性知识转化为显性知识,这种知识的转化过程就带来相应的创造力,从而带动组织的创新活动[141]。Christensen 与 Ball 为了更好地了解知识水平对设计团队创新能力的影响,他们分析了有不同学科背景人员组成的设计团队的创新能力表现,他们认为正是这种组织中的多样性对其创新活动产生了积极作用[142]。Kokotovich 等人同样研究了此类问题,他们调查了 149 个团队,这些团队分别由新手级别、主管级别及大师级别的设计师构成,正是这样有多样性特征的团队让各位成员发挥了各自的优势,产生了较好的知识共享氛围,提高了团队创新的效率[143]。

张庆普等基于知识发酵理论对创意团队进行了分析,建立了相应的模型,并在此基础上提出了团队特质的发展建议[144]。Akhavan 等人则通过实证分析验证了知识共享会对设计团队创新产生显著的影响[145]。王有远等为解决多设计团队协同产品设计过程中知识共享和重用等问题,他在分析协同产品设计特点的基础上,建立了多设计团队协同产品设计工作模型,他们认为,知识共享是影响设计团队创新的重要因素[146]。现有对知识共享的研究更多关注其直接影响,而忽略了知识共享对创新的影响机理,知识共享是如何内化团队成员的知识结构,对团队成员的心理产生何种影响,这些问题值得深入研究。Tjosvold 等认为,目标依赖性会影响团队创新,合作性的目标是团队反思的基础,合作性目标而非竞争性或独立性的目标,会有效促进团队反思,从而有利于团队创新[147]。Wong 等研究了目标依赖性、团队潜能、主动性氛围与团队创新的关系,认为合作性目标可以使团队成员相信他们能共享资源、交流想法并树立可以相互帮助解决问题的信心,从而对团队潜能和自主性氛围产生正面影响,促进团队创新[148]。Lawrence 等人采用纵向设计检验了上级组织干预对设计团队创新能力的影响,他们通过对 407 人组成的不同设计团队进行实验,发现适当的干预可以激发团队的创新能力,改善员工工作环境,从而提高创新能力[149]。

Den Otter 等认为,高效的设计团队应该平衡好同步与非同步沟通的频率,团队沟通的质量取决于团队成员的沟通行为和管理者对沟通的支持和激励[150]。Behoora 等结合先进的传感器设备研究了情绪对设计团队创新的影响问题,他们使用测试纸穿戴式这些设备以便进一步了解他们在创新过程中情绪的变化。经过研究,他们认为,设计团队中的个别成员积极的情绪状态会促进人际关系的协调,有利于营造创新的氛围,从而带动创新目标的实现;反之,会起到反作用[151]。彭正龙等也研究类似的问题,他们提出设计团队成员在进行创新时需要具有良好的或积极的组织氛围,这些会影响成员的情绪。尤其是某位成员提出了新的创意,其他成员应该予以回应,进行有效的沟通,成员的情绪保持在一种较好的状态可以为创新的产生提供条件[152]。刘杰研究了设计师的创新能力,他重点分析了他们的个性热衷,认为设计师的不同创新是其对事物审美感受的差异化表现,而他们的创作型人格特质是推动其不断创新的内在动力源泉[153]。冯海燕研究了科研类的团队创新能力,并将影响其创新的因素归结为个人因素、环境因素、组织环境和制度因素[154]。

叶强等人分析了影响景观设计团队创新能力的因素,他们认为,景观设计与一般产品设计等存在着共同点,影响其创新能力的因素主要包括设计的思路、理念、专业知识、原创思想、科学素养以及有效竞合等[155]。Tikas 等则认为,团队的构成形式对设计团队的创新能力产生了重要的影响[156]。Wrigley 等人研究了时尚设计类相关企业,他们指出此类企业存在的一种现象:有些企业陷入了发展困境是由于其缺少有经验的专业人士,他们认为提高团队创新能力可以聘用这些有经验的员工或让他们作为项目的领导者,这样可以激发出设计团队的创新力[157]。Ruiz-Jiménez 等研究了团队领导者不同性别的分配会对团队创新产生的影响,他们调查了西班牙 205 家中小企业的高层团队管理者,对这些企业的实际情况进行了分析。他们发现在团队中男女管理者的人员设置应该平衡,这样更有利于创新能力的转化,也会增加管理上的多元化[158]。Stompff 等人提出,一个新的设计团队在建立时应该加强对他们的培训,这样可以老带新,整个团队可成长得更快,也更能胜任相关创新任务[159]。D'souza 研究了多学科背景的设计团队创新问题,他们对三组设计团队分别进行了不同层次的培训,然后让他们设计贺卡;通过研究,他们发现培训活动完善了员工的知识结构,进而对他们的创新活动产生了较为显著的影响,团队中的组织纪律对创新的影响较为显著。此外,个人在团队中的表现以及与团队成员间的良好互动对设计团队工作的进展至关重要;需要从宏观层面和微观层面去分析复杂的多学科中的创新行为,因为设计过程没有固定的模式,需要成员的共同努力;同时还要平衡一个高强度或平静期的工作状态[160]。Candi 通过调查 176 家设计公司发现,企业更关注设计师的作用,而往往忽略了技术、美学、产品所表达出的语意及创新绩效。他在此基础上提出应该重视其他方面的贡献,从而综合提高创新能力的效率[161]。

1.2.4　文献评述

综上所述,国内外学者对创新能力的研究比较多,但是关于时尚设计团队创新能力的研究不多。因此,本书搜索了该主题涉及的主要关键词,如团队创新、创新能力及设计团队创新等相关研究成果,所涉及的研究对象包括企业研发团队、设计团队、项目团队、虚拟团队、高校科研团队、跨职能团队、高管团队和创业团队;其研究内容主要关注了团队创新能力的内涵、影响因素、团队创新绩效、团队创新评价及测量等方面。通过对国内外文献的梳理,本书将其研究现状及未来研究方向归结为以下几个方面。

（1）通过文献分析可以发现,国内外有关时尚设计团队创新能力的现有文献不丰富。但是随着时尚产业的飞速发展,以团队的形式提高创新能力并实现自主创新的问题将日益受到组织行为学和管理学等领域的广泛关注,相关研究成果将呈现出逐年增多的趋势。从现有的研究成果来看,学者们对时尚设计团队创新能力的理解及其界定,大都是以创新行为和创新绩效为切入点,并没有系统地揭示团队创新能力的内涵。针对它的特征、分类等的研究也较少,对该类问题的理论研究还有待加强。

（2）时尚设计团队创新作为团队创新的一种类型,既有共性,也有个性。时尚设计团队中包括了企业的管理者、生产工人、市场营销人员、R&D、助理设计师、实习设计师等。设计师不仅要跟他们合作,还需要把设计的相关知识传达给他们。另外,设计师还需结合市场的发展趋势、客户的需求开展产品的设计工作,因此设计师在时尚产品设计创新过程中的角色是"主导者"或"领航者"。从团队创新的过程来看,由设计师构成的团队被称为"设计驱动的实验室",在创新过程中需要有不同类型的设计师,以便根据设计任务的难易形成不同的团队组合或模式,这有利于团队的创新发展。设计师团队创新是在完成一项设计任务时,根据设计目标进行成员数量上的规划和成员能力结构上的互补,构建一个或者多个"设计师团队",且通过有效的管理手段实现产品创新的过程。因此,该团队需要整合不同的资源,并及时了解市场的需求及社会文化的发展趋势。本书对时尚设计团队创新涉及的相关问题进行了梳理,发现时尚设计师团队创新的过程本身就是一次次设计创新迭代的过程,设计师们通过相互促进、知识共享、团队反思及良好的创新氛围等不断促进企业创新的可持续发展。而在持续推进的时尚设计师团队创新过程中,时尚设计师团队的创新如何实现,如何能找到有效的时尚设计师团队创新路径,是现有研究所缺乏的。

1.3　理论基础

1.3.1　设计驱动创新理论

意大利学者 Verganti 于 2003 年以西方相关企业为对象,研究了设计在企业产品研发及生产等过程的重要性及定位等问题,提出了设计是除技术和市场之外的创新驱动力来源,并在此基础上提出了设计驱动创新的相关理论[162][163]。设计驱动创新模型如图1-6所示。

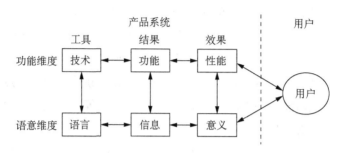

图1-6 设计驱动创新模型

资料来源:陈雪颂.设计驱动式创新机理研究[J].管理工程学报,2011;25(4):191-196.

通过图1-6可以发现,设计驱动式创新分为两个方面:一方面是产品语意的创新,它是指设计师借助产品将欲求表达的含义传递给客户;另一方面是产品意义,它是指客户认为其有价值并购买该类产品的原因[164]。设计驱动创新理论与经典创新驱动理论提出的市场拉动创新、技术推动创新和设计推动创新,共同构成了三维驱动的创新网络[165][166]。该理论从产品功能和语意对这些理论进行了阐述,认为设计驱动创新则是产品语言和意义的突破性创新;技术推动创新是技术功能的突破性创新;市场拉动创新是技术功能和产品语意的渐进性创新[162][167]。具体如图1-7所示[163]。

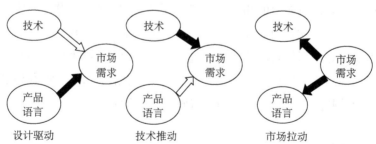

图1-7 不同驱动因素对比

注:黑色箭头表示发挥主导或决定性作用,白色箭头表示发挥次要作用或非关键因素。

上述研究强调设计在企业创新过程中的整合作用,它认为设计人员通过创造新的产品语言(意义)推动创新。新产品所代表的意义,是由相关设计者借助新的产品语对言表现出来的。在这种由设计行为主导的创新模式中,企业的创新能力来源于参与社会意义创造和调研人员组成的"设计场"的能力[168]。设计企业通过参与"设计场",从外部网络获取社会文化模型的变革趋势,为创新提供必要的技术支持,并在设计师队伍中分享相关创新知识及技能。而具体的创新过程是由设计驱动的,相关企业把拥有或掌握的知识转化为所需要的设计想法或创意,通过与"设计场"中的其他解析者进行的信息交流互动,把所设计出或创造出的产品意义传递给客户,其中具体的创新行为分别为倾听、诠释和表达[169]。设计驱动创新理论从设计的角度重新解读了创新能力的内涵,认为产品意义的创造是设计创新的本质,社会文化能对创新产生重要影响[170]。依据符号学理论可以发现,设计的本质就是通过重构产品语言符号创造出代表新意义的产品,从而促使语言和意义在该产品中的统一。设计驱动创新理论把产品意义定义为消费者购买该产品的理由及动机。可以说,该理论是对熊彼特理论的一种回归,正是新的产品语意的出现带来了新的需求,因此产品的语言属于创新的范畴。Christense 认为,新的产品语言导致新的细分市场出现,就是一种典型的设计驱动创新表现[171]。该理论提出,消费者愿意额外支付费用以购买代表新产品,这就从根本上推动了市场本身的变化,完善了现有的市场机制,从而带动了整个产业的升级及优化。

综上所述,设计师团队创新的过程本身就是一次次设计创新迭代的过程。设计师们通过相互促进、知识共享、团队反思及良好的创新氛围等不断促进企业的创新。在这一系列创新过程中,知识共享起到了整合与扩散的作用。设计师是知识的传播者,也是接受者,他们在吸收相关知识后对其进行加工,在与其他成员进行信息互动后,结合自己的感受为实现新产品的语意创造条件,从而促进设计师团队的创新。

1.3.2　组织学习理论

Argyris 最早提出了组织学习的概念,他在对不同的组织进行分析后提出,组织学习是组织发现错误并通过新的使用理论进行改造的过程[172]。在该概念提出之后,国内外学者纷纷加入该问题的研究行列,并取得了丰富的研究成果。陈国权认为,组织学习是指组织不断努力改变或重新设计自身以适应不断变化的环境的过程,是组织的创新过程。还有一些学者研究了组织学习的不同方式,他们从不同的角度对其进行了分类,例如,基于学习的深度,组织学习可以分为单环学习、双环学习和三环学习。而关于组织学习中的创造与转化的研究,学者们认为,这些研究主要包括四个方面内容:①组织学习是不同的人员个体共享隐性知识开始的(社会化)。②组织中的人对所获得的各类显性知识进行整理与分类,并在此基础上提出了新的知识(合并)。③组织内的各成员通过认真学习吸收相关新知识,逐渐将其转化为个体的隐性知识,实现了知识的传播与扩散(内在化)。④这些获取不同隐性知识的成员通过相互交流互动,实现了社会化过程[192]。组织学习的过程具有循环往复的特点,有一些学者针对该问题进行了研究,如 Argyris 在 1978 年提出了由发现、发明、执行和推广组成的理论模型[172]。

随着研究的不断深入,McGrath 等人通过深入分析,并结合实证研究的结果,归纳出属于团队学习的四阶段模型,其主要包括启动项目、解决技术问题、处理冲突、取得绩效[173]。团队学习的研究是以组织学习的研究为基础的,该研究不断丰富着组织学习的内容。如果学习的主体分为个人、团队、组织,可知它们间存在的联系是密切的。团队是由个人组成的,那么单个成员的学习就成了团队学习的重要基础,团队学习作为中间环节,具有承上启下的作用,因此这三个方面是一种协同发展的关系。对每个方面的研究都是必要的,基于对组织学习与学习过程的理解,国内外学者对团队学习过程进行了深入研究。团队学习也可以称为群体学习或基于团队的学习,其概念最早由彼得·圣吉在其著作《第五项修炼——学习型组织的艺术与实务》中提出:团队是组织学习的基本单位,而团队学习是组织学习的最重要形式,也是团体成员相互配合共同实现团队目标的过程[175]。Senge 的研究加深了国内外学者对团队学习知识、体系及特征等理论的了解,并且他们以此为基础不断拓展研究的深度与广度。目前学术界主要从三个角度理解团队学习内涵:①从行为视角来看,Edmondson 认为,团队学习是团队成员通过共同努力,在明确的目标下,结合所掌握的资源对任务进行分析,通过分析问题发现解决方案并不断优化的行为[176]。Andres 等将团队学习看作是团队成员交换信息、完善意见、提出观点、做出选择并达成共识等一系列行为的组合。②从信息加工视角来看,团队学习是团队成员之间进行的信息加工过程[177]。Offenbeek 认为,团队学习包括五个循环步骤:信息获取、信息分配、信息收敛、信息发散、信息存储以及再使用信息[178]。Wilson 等将团队学习过程分解为信息储存、信息分享和信息提取[179]。Van 等将团队学习理解为知识获取、信息加工、信息存储与检索等相互关联、相互依赖的活动[180]。③从结果视角来看,团队学习是团队成员之间进行知识转移的成果。Ellis 等将团队学习看作是团队成员之间的经验分享,学习结果带来团队的知识与技能方面的不断进步与优化[181]。Edmondson 等认为,团队学习可以分为结果改进、绩效控制和组织加工[182]。

　　从行为视角与信息加工视角来看,团队学习是团队成员在一定目标的引领下相互间激励、共享、吸收、分析、讨论及整合知识的过程;结果视角则关注该学习过程可以获得哪些方面的提高及完善,尤其是团队在进行创新任务的时候,更看重创新效果的情况。Yorks 和 Sauquet 通过对不同行业团队行为的分析,提出团队学习对团队的发展及企业的成长都十分必要,它可以提高组织的良好工作氛围,有利于学习型组织的形成,并且不断提高企业的可持续发展能力[183]。Tompkins 以扎根理论为基础,对团队学习进行深入调研,通过综合分析提出了由建立合作氛围阶段、达到共同理解阶段、形成共同能力阶段和持续改进阶段四个方面组成的四阶段模型,在团队工作过程中,管理层的支持、结构需求、成员特点、拥护者、团队过程细节和对团队成员贡献的认可方式对团队学习具有重要影响[184]。Dechant 等认为,团队学习是建立思维框架、实验、跨越边界和整合不同观点的过程,具体体现为分散、汇集、整合和持续过程[185]。Akgun 等将团队学习的八个过程分为:有效信息的获得、按照要求执行、信息的有效传播、对信息进行筛选、结合自身情况对信息进行逻辑分析、在此基础上产生相应的创意或灵感、深入洞察新想法和将过去的信息凝成记忆[186]。陈国权认为,团队与组织在很多方面具有相似特征,并将组织学习模型进行推广,建立了团队学习模型,模型将团队学习行为分为发现、发明、选择、执行、推广、反思、获取知识、输出知识和建立知识库[187]。

　　以上团队学习模型只关注团队内部的学习过程与机制,Edmondson 等将研究视角扩展到团队外部,将团队学习分为内部学习与外部学习。团队内部学习是指团队成员关注绩效以实现目标、获取新信息、检验假设及创新的程度;团队外部学习为团队搜寻新信息或向外部相关人员寻求反馈的过程[188]。Wong 认为,局部群体学习是群体内部成员之间人际知识的获取、分享、整合的过程;群体与外部学习是与群体外的个人之间人际知识的获取、分享、整合的过程[189]。Edmondson 提出了一个团队学习模型,如图 1-8 所示。通过分析该模型可以发现,引入的团队心理安全和团队效能两个变量,检验了其对团队学习和团队绩效的影响;通过分析提出这两个变量在模型中起到的中介作用,而第一部分的三个背景因素对团队创新的绩效、满足客户需求及期望都起到了积极的作用[190]。为了研究该类问题,他对调查对象进行了系统分析,采用了多种方法对其进行研究,由于研究对象不仅包括职能型团队,还包括跨部门工作团队,因此该类问题的研究涉及的因素较多,研究过程会比较复杂。为了研究该类复杂问题,他对团队学习中的各种变量进行了分析。他提出团队成员应该保持高效率的学习,这样才能不断提高团队的绩效,各成员需要积极的思考、敢于讨论、不断进行反思并归纳有效的信息,这样的工作环境及氛围会促进团队的创新。在团队学习的过程中各成员应该相互鼓励,并积极分享所掌握的信息,让团队成为一个"信息池",当然这样的团队需要优秀的团队领导者[190]。Edmondson 的团队学习模型为后续相关研究者探讨该类问题提供了重要的理论基础。

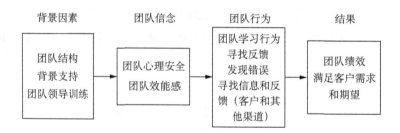

图 1-8　团队学习模型

1.3.3　团队创新理论

"创新"最早由 Schumpeter 提出,该定义提出后,国内外学者不断深入研究有关问题。Forehand 指出,创新应包括在管理问题上产生新的解决方案,制定相应的评估标准,并提出应从五个方面来衡量创新行为[191]。Dosi 认为,创新就是对产品的功能、工艺等进行不断的探索、改善、发展及提高的过程[192]。West

则从团队的角度对其进行了定义,他认为,创新是新构思、新流程、新产品、新程序的提出及应用,这些创新行为或结果来自团队成员的共同努力,该过程有利于社会对该团队的接受与肯定[4]。之后他又提出团队内部成员的有效协作,可以将掌握的各类资源转化为新产品、新工艺等[6]。这一概念明确地定义了团队创新,为后续相关研究奠定了基础。Woodmans 等认为,团队创新是一个以团队运作的方式产生新的想法,之后经过团队成员的信息沟通,修正或完善相关任务,并付诸实施产生新的产品或工艺等的过程[193]。

在团队创新能力的概念界定与测量方面,Van 等认为,团队创新能力是团队成员按照一定组织原则保持相互沟通合理使用创新想法的能力[194]。团队创新的研究可以归为两类,一类认为个体的创新行为对团队创新有影响,因此对团队创新的定义应该基于个体角度。Taggar 通过研究发现,团队的创新行为往往来自其中的个体,这些个体在接到相关任务后,提出了一些新的想法,然后他们将其汇报或共享在团队中,大家在分析后确定团队创新的目标。这个过程显示,个体是团队创新行为重要的前因变量[195]。傅世侠和罗玲玲也研究了该类问题,并提出团队创新行为是对团队成员个体创新行为的有效整合,并发挥出了整合效应[196]。正好与此相反,另一类则认为团队的创新来自团队成员的努力,良好的团队或高效率的团队激发了所有人的长处及动力,让大家为一个目标共同努力,而最终的创新效果属于团队共同努力的结果。同时,他们也提出个人创新和团队创新的共同点,创造力是核心。关于团队创新理论,也存在较丰富的研究成果。

一是组织创造力与创新的要素理论。Amabile 提出,这两个要素之间既有区别又有联系:区别是其产生的不同的领域,创造力更多的产生于个体及团队的行为中,而创新则多产生于组织中;创造力的产生依赖于专业的知识、技能以及动力水平;而创新的产生需要可以掌握的资源、实践能力、具体的组织管理及动机。联系为创造力是创新的基础也是动力源,创新是在创造力上加入环境要素产生的。在实际的创新过程中,这两个要素需要共同作用,相互协作,形成一个有机的统一体,从而提高团队创新绩效[197]。为此,相关学者提出了不同的理论模型,以揭示团队创新的过程。比较有代表性的是 McGrath 提出的 IPO 模型,他通过研究发现,团队中的个体、整个团队以及该团队的管理环境可以作为影响其创新的输入变量;这些变量可以通过团队的互动环节对团队创新绩效产生影响[44]。

二是团队创新氛围理论。该理论由 West 等人提出,他们通过分析不同的团队,提出影响他们创新氛围的因素主要包括成员的意愿、参与的安全性、具体的任务目标以及对该目标的支持力度[5]。可以发现,上述两个理论存在着一定的联系,例如,团队创新氛围四个因素,与组织创造力、创新的要素理论中的环境要素有类似之处。这两个理论更多的研究了团队创新的外围,缺少对团队创新内部关系的研究。

三是 Bledow 等人提出的创新的二元性理论[198]。该理论不同于上述两个理论,它更全面地阐述了团队创新不能仅单独关注个体及团队的创新行为,而应该将这两个因素综合一起考虑。只有这样,才可以结合企业发展的实际情况,提出更有效的发展对策。它一方面把握了创新的本质问题,在分析这些问题时不能忽略创新过程中存在的张力,因为创新的行为不是单向的,应该把握好具体的度[199]。在团队的创新问题上,人们需要考虑整个团队的人员构成问题,因为不同的人员构成会对团队创新产生不同的影响,例如,不同学科背景的团队、同样专业技术的团队、跨组织的团队等。多样化不仅为团队创新带来了挑战,也增加了更多的机遇,只有明确具体的创新目标,合理地选择团队的构成,结合团队成员的不同特点,提供相应的资源,并给予团队创新必要的支持,形成良好的创新氛围,创新才易产生[200]。在具体的创新过程中,要鼓励团队多开展有具体要求及目标的探索性的活动。如果偏离具体目标,团队领导者或其他成员应及时作出反应,以确保所进行的创新是在为任务目标服务,提高创新的效率。反之,这个过程就会很漫长,造成不必要的浪费[201]。由于创新是一个复杂的过程,充满很多未知的因素,因此各团队成员只有通过齐心协力,才能克服困难。这些成员所开展的活动多表现为探索性的活动,因此在这个过程中需要处理好各方面的关系,激发创新意识[202]。

1.4 小结

首先,本章阐述了研究背景和意义,并对时尚设计团队创新能力的国内外相关文献进行了梳理,分别针对团队创新、创新能力、时尚设计团队创新能力进行了综述;其次,本章对所研究问题的相关理论进行了归纳,主要包括设计驱动创新理论,该理论强调了设计在创新方面的重要性,可以有针对性地给本书的时尚设计团队创新相关问题的解决提供指导;由于团队学习研究建立在组织学习研究基础之上,并且是组织学习的重要内容,因此本书对该理论进行了整理;团队创新理论较为丰富,其关注点主要有三个方面:团队构成、团队过程和团队领导。本书从要素论及二元论方面对其进行了分析与概括,这为本书相关研究奠定了重要的理论基础。

第2章 时尚设计团队创新能力的分析

2.1 时尚设计团队的创新过程

　　基于设计心理学、人机工程学和设计生态理论等的设计前沿学科得到学界的广泛关注。为了满足消费者日益增长的情感需求,设计师将视角从技术转向文化,对地方文化及传统文化的深入挖掘能够融合技术文化与社会文化,并赋予设计产品新的意义。设计从最初为完全从属于技术到重要的产品设计内容,从技术和市场的纽带,再到作为一种独立的研究上升到与技术同等的地位,设计中文化的重要性开始凸现。设计师应了解客户群体的需求,推断客户群体的喜爱和偏好,对社会与文化进行研究,将文化与设计相结合,借此设计出客户喜爱的产品。设计驱动创新理论强调设计在产品创新过程中的主导作用,其创新模式与技术创新不同。技术主导的创新过程以新技术研发为出发点,以技术为依据决定设计创新概念,从而寻求市场机会;而以设计为主导的创新过程以用户需求为来源,时尚设计团队应寻找新产品机会,确立产品概念,并进行技术研发,从而实现产品概念[203],具体设计创新过程如图 2-1 所示。

图 2-1　设计导向与技术导向的新产品开发过程

　　产品的设计创新是一个复杂的过程,设计团队需要对资源、人才、技术和环境等因素进行合理配置。为此国内外学者对设计创新过程进行了大量的研究并构建了设计创新过程模型,以此来确保产品设计创新活动的高效运行。设计创新的功能与结构设计过程模型描述了从需求到概念产生的过程,模型描述的是产品功能意义与物理结构之间的直接对应关系,其核心是从功能到结构的映射和需求发现。设计过程包括三个重要部分:功能分解、物理结构的综合、功能与结构转换。以此为基础的设计过程模型包含功能设计与物理结构设计两个层次,并将经典的公理化设计过程模型与系统化设计过程模型等融合的模型。

为了研究功能向结构的映射,很多学者提出了基于功能或结构进化的设计过程,如韩晓建等提出了"形式化需求→功能分解→结构分解"的设计过程[204]。卡根和沃格尔提出了以用户为核心的设计过程模型,整个模型中将用户需求放在第一位,注重设计过程对市场机会的识别[205]。部分学者建立的设计过程模型关注的产品功能或概念,实际上是来源于功能—结构的构架。基于功能与结构的设计过程模型解释了结构本身具备的作用,但忽略了对结构转化为功能的解释。针对这一问题 Qian 和 Gero 提出了经典的"功能—行为—结构"模型(Function-Behavior-Structure,以下简称 FBS)[206]。他们在模型中添加了用户行为这一新变量,认为产品功能影响用户行为,通过用户行为实现功能变量与结构变量的转化。FBS 模型中 CNs 表示顾客需求(Customer Needs),FRs 表示功能需求(Functional Requirements),B 表示行为(Behavior),S 表示物理结构(Structure)。FBS 设计过程模型对设计过程的描述符合设计师的思维习惯,将设计过程分为四个步骤:由顾客需求引发的设计产品的功能需求,由功能需求转化为用户的行为,进而转化为载体结构。Gero 提出的设计创新过程模型将设计过程分解为八个基本步骤,模型中还对不同环境下设计的功能需求、行为和物理结构之间的相互转化关系进行了深入剖析[207]。随后很多学者基于不同的视角建立了设计过程模型,主要包括"结构—行为—功能"模型、"功能—行为—状态—结构"模型、"功能—行为—状态"模型、"功能—环境—行为—结构"模型等[208]。

在设计驱动创新的模式下,设计工作实质上是一个创新的过程,其设计的目标是创造新的产品系列或开辟新的领域。实施设计驱动创新战略的企业,需要对社会与文化流行趋势进行深入的研究,深刻理解并预测新产品语言,并在此基础上对创新产品意义进行创新。因此,实施设计驱动创新战略的企业应当具备两种能力:赋予新产品意义并影响和引导客户接受新产品意义的能力。而这两种能力来源于企业参与"设计场"的能力。由于设计驱动创新过程的复杂性,设计团队需要借助团队外部资源,如各领域专家、客户和研究机构等获取社会文化的流行趋势和变革方向,对产品技术进行研发与创新[162]。在设计过程中,设计团队成员通过参与"设计场"获取设计驱动创新的资源与信息,对设计产品的概念进行构思,从而确定新产品概念。在这一过程中,新的产品意义已经被初步传递,整个设计驱动创新的过程具体分为三个步骤:倾听、诠释与表达。具体过程如图 2-2 所示。

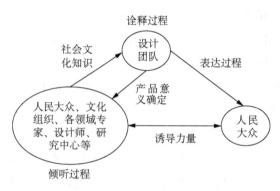

图 2-2   设计驱动创新过程

在时尚设计团队的设计驱动创新过程中,倾听过程是与解析者们沟通与交流的过程,这些解析者主要包括人民大众、文化组织、各领域的专家、独立设计师和研究中心等。在倾听过程中,设计团队需要与核心解析者建立良好的关系,从中获取更高质量的关于新产品意义相关的信息。诠释过程是团队在倾听后,将获取的新产品意义知识进行处理,将其转化为新的产品设计概念。设计团队通过诠释,从外部获取知识并进行评估,将其与企业现有资源进行优化整合,确定新产品的设计方案。诠释过程的关键在于对社会文化进行解析,这个流程一般包括预想、共享、联结、选择和具体化五个部分。在表达过程中,设计团队通过解析者的口碑与影响力,传播新产品意义,引导并说服潜在客户接受新产品概念。这一过程中,解析者起着重要的作用,他们不仅是客户认知新产品意义的影响者,也是塑造社会文化的践行者。在表达阶段,设计团队需要运用各种传播方式对新产品概念进行宣传,包括展览会、设计创新大赛、会议演讲和产品陈列室等,从而让用户了解并逐渐接受创新成果[209]。

2.2　设计驱动创新过程与时尚设计团队创新能力

　　根据设计驱动创新理论,设计驱动创新的过程可以分为倾听、诠释和表达三个阶段。在倾听阶段,时尚设计团队利用内部与外部的知识资源,获取社会与文化最新趋势的信息,形成创新基础能力;在诠释阶段,时尚设计团队将创意进行论证和筛选,促进设计创新概念转化成创新思维模型,经过多次的商讨形成书面化的设计创新方案,促进创新的转化;在表达阶段,时尚设计团队将设计创新方案转化为创新产品,并进行市场推广,说服用户接受新的产品意义,形成创新产出能力。如图 2-3 所示,设计驱动创新的过程与时尚设计团队创新能力构成具有较强的关联性,设计驱动创新过程中,倾听过程形成团队创新基础能力,诠释过程形成团队创新转化能力,表达过程形成团队创新产出能力。这三种能力相互影响、相互促进,共同形成时尚设计团队的创新能力。

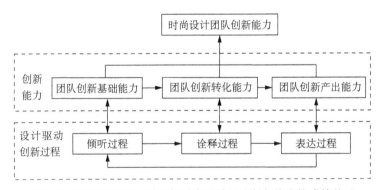

图 2-3　设计驱动创新过程与时尚设计团队创新能力构成的关系

2.3　时尚设计团队创新能力的解构

　　设计团队创新过程是一个复杂的过程,其创新活动由若干个创新关键要素(如设计团队成员、设计创新方案、创新环境等)构成,创新要素之间的相互联系对设计创新系统自身和环境产生影响。如果将时尚设计团队创新过程视为一个系统,设计驱动创新过程可以分为基于设计概念形成的创新基础系统、基于设计方案形成的创新转化系统和基于设计成果评价的创新产出系统。本书以系统理论为基础,从设计驱动创新的角度对时尚设计团队创新能力进行解构,建立了基于设计驱动创新理论的时尚设计团队创新能力理论框架,具体如图 2-4 所示。从横向维度来看,该模型揭示了设计驱动创新过程、设计驱动力以及团队创新能力形成的重要因素;从纵向维度来看,它描述了设计驱动创新模式对时尚设计团队创新能力提升的影响机制。

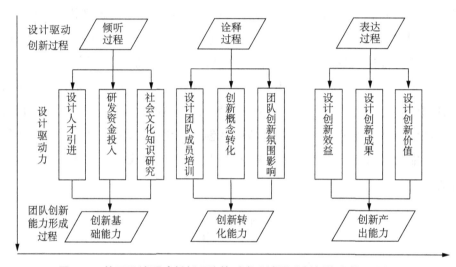

图 2-4　基于设计驱动创新理论的时尚设计团队创新能力的理论框架

　　根据时尚设计团队创新能力的理论框架,设计驱动创新过程包括团队内外部的交流与互动,同时也包括倾听、诠释与表达的过程。在这一过程中,时尚设计团队创新能力得到不断提升。创意和创新概念的转化,需要有相应的设计驱动力。团队创新能力,包括创新基础能力、创新转化能力以及创新产出能力。

　　1) 时尚设计团队创新能力的设计驱动力

　　设计驱动型创新不同于传统的技术推动和市场拉动的创新模式,而是以产品语意创新为导向,从而对产品进行开发、设计与创新的创新模式[210]。在此种创新模式下,设计的实质在于将技术、市场需求和新产品意义的相关信息进行优化与整合。Verganti 强调产品意义对创新的引领作用,认为创新产品意义是设计创新的本质[211]。由此可知,在设计驱动创新过程中,设计应以用户需求为出发点,深入探究其购买的社会文化因素,通过赋予新产品意义实现创新。在设计主导的创新模式下,团队创新的过程是一个包括创新基础资源形成、创新资源转化与实现创新产出的复杂过程。从设计驱动创新过程的视角看,本书认为,时尚设计团队创新能力的设计驱动力,分别作用于创新基础资源形成、创新转化和创新产出的过程。

(1)创新基础资源形成过程的设计驱动力。设计概念的形成需要借用一定的载体,包括人、事物以及流程。在设计概念形成过程中,人的因素包括团队管理者和团队成员,以及供应链上下游的供应商和客户等;设计概念形成过程中的事物包括原材料、生产设备和设计产品等;设计概念形成的流程包括团队管理流程、生产流程等。设计概念形成过程不仅需要相应载体,同时也需要将设计概念转化的物质条件。因此,设计概念形成需要具备设计人才、社会文化知识研究能力、研发资金、生产与研发设备等条件,这些因素构成了时尚设计团队创新基础资源的重要组成部分。

(2)创新转化过程的设计驱动力。将设计概念转化为设计方案,实现产品创新,需要经过人力资源、结构化流程等创新转化过程。创新转化过程中的驱动力来源于团队培训、设计创新流程优化、团队创新氛围等因素。团队成员培训将设计知识从集体流向个体,这种知识转移相当于将显性知识内化为隐性知识,有利于团队内部的知识交流与共享。团队通过培训将已有的知识变成自身的隐性知识,将团队成员纳入共同的知识体系中,有助于团队实现产品创新。设计流程的优化,有助于进一步评估设计的合理性,减少中间不必要环节,加速设计概念转化的速度,有利于设计知识的合理化配置,使团队成员在创新转化过程中更快地获取与转移新知识。团队创新氛围会激励团队成员的创新转化,良好的时尚设计团队创新氛围,可以促进团队成员间的知识共享及其相互学习,有利于设计概念的转化,提升时尚设计团队创新能力。

(3)创新产出过程的设计驱动力。创新中最重要的一步是把创造的新产品商业化,并进行市场推广。在设计驱动创新模式下,产品创新是创新产出的主要驱动力,会为时尚设计团队带来经济效益。产品意义和功能创新的成果会给团队创造产值,如拥有的专利与标准等,同时也会间接提升企业形象,提高顾客满意度。另外,对时尚设计团队创新能力起到驱动作用的因素,还包括同行竞争、客户需求、政策制度和政府支持等,这些因素在创新产出过程中对提高时尚设计团队创新能力具有重要作用。

2) 设计驱动创新过程与时尚设计团队创新能力的形成

(1) 倾听过程与时尚设计团队创新基础能力形成。社会文化知识是影响时尚设计团队创新能力的主要要素。社会文化知识可以从多种渠道获取,且主要来源于团队外部。设计团队成员通过对话,与团队外部的设计师、各领域专家、顾客、文化组织等进行交流与沟通,聆听并获取新产品相关的知识,对社会文化知识进行研究,形成设计创新概念。在这一过程中,需要引进设计人才、投入研发资金、购买知识产权等,形成时尚设计团队的创新基础能力。

(2) 诠释过程与时尚设计团队创新转化能力的形成。团队经过反复探讨与评估获得的知识与信息,确定产品概念和设计理念,并将其转化为创新产品。设计团队在诠释过程中进一步评估得到的信息与资源,并将现有的科学技术与其进行整合,形成新产品设计方案。在设计概念转化中,设计知识可以通过团队培训、交流、会议等多种方式进行转移与扩散,使隐性知识在团队内部转化并形成团队的知识存量,这有助于提高时尚设计团队的创新能力。

(3) 表达过程与时尚设计团队创新产出能力的形成。表达过程是对新、旧知识的整合与优化过程,目的是将其应用到创新产品中,为客户提供更好的服务。然而,再好的设计产品如果不能被大众接受,则难以实现创新的效益,无法实现产品的创新价值。在表达过程中,团队需要说服潜在用户接受新的产品意义。这是一个反复沟通和交流的过程,为此团队需要借助营销手段推广和宣传新产品,并利用社会大众等影响用户赋予产品文化意义的过程。通过推广与营销,设计创新产品得到用户的认可,形成创新产出能力。

总之,设计驱动创新与时尚设计团队创新的过程存在对应的关系,设计要素和设计知识的流动借助一定的驱动力形成时尚设计团队创新能力,使设计创新概念得以转化为创新成果。

2.4　小结

团队创新作为推动团队实现高水平、高价值、高难度设计创意的重要因素,对其能力进行科学、准确的能力评价将有助于时尚设计团队了解自身创新水平,为培育创意思维、开展创新活动、实现创新产出提供客观的理论依据。本章将系统理论作为研究基础,从设计驱动创新的角度深入分析了设计驱动创新过程与时尚设计团队创新过程的关联性,建立了时尚设计团队创新能力的理论框架。该框架从纵向维度描述了设计驱动创新对时尚设计团队创新能力所产生的作用,其中设计驱动是作用的内因,创新过程是外在表象,设计通过驱动力作用于创新过程。

第3章　时尚设计团队创新能力影响
因素的理论模型

本书从时尚设计团队这一特殊对象出发,探索时尚设计团队创新能力的影响因素,对影响时尚设计团队创新能力的内部因素与外部因素进行分析,并提出时尚设计团队创新能力影响因素的理论模型。

3.1　时尚设计团队创新能力的影响因素分析

时尚设计团队创新是一个复杂的过程,受到多种因素的影响,设计创新的系统性等特点使时尚设计团队创新能力形成的影响因素更为复杂。国内外学者对创新产生的源泉、创新的动因及影响因素进行了大量而深入的研究。Freeman在其研究基础上进一步发展了该观点,提出了技术推进理论。该理论强调技术创新的内生性作用,认为企业只有投入更多的人力、物流、财力,才能获得较多的技术创新产出[212]。创新理论的提出者将技术看作是创新与经济发展的主要源动力,这源于他对美国重工业的深入研究,通过研究,他发现技术创新的动力来源于市场需求[213]。但是市场需求理论则认为,企业利用当前的技术创新提高产品的市场占有率,如果企业掌握了较高水平的技术,那么它可以生产出不同于其他企业的产品,从而占领市场。Mowery 和 Rosenberg 通过研究电子类行业的相关企业,提出了双重作用理论,他们发现,技术和市场需求对企业的创新同等重要,只是当企业处在不同的生命周期阶段时,会表现出不同的差异[214]。Dosi(1982)构建了属于技术创新的理论模型。该模型反映了技术创新的过程是一个动态变化的过程,因为技术会随着社会的发展不断更替,企业在利用这些技术进行创新的过程时,需要结合自身的优势;同时企业的创新不是技术的单一作用,还需要考虑其他因素的共同作用[215]。

　　许萧迪等通过对相关文献的梳理发现,现有的研究更多关注了企业创新的外部动力源,基于企业内部探讨发展动力的较少,因此应该加强这方面的研究[216]。杨志梅则在此背景下探讨了企业创新的内部驱动力,他认为,内部驱动力是一个企业创新的关键,它会与外部动力形成一个交互作用的系统,并通过内外互动,促进企业创新的可持续发展[217]。由于企业的内、外部因素会直接影响创新活动,为了提升企业的核心竞争力和产品竞争力,很多企业会对内、外部环境进行综合评估,分析自己的优势与劣势,从而构建完整的创新动力系统。通过上述文献分析可以发现,从团队角度探讨创新的研究相对较少,但该类问题是当前业内外关注的热点问题,因此有必要对此类问题进行分析。

　　本书以企业创新动力的相关研究理论为依据,认为时尚设计团队创新能力取决于多种因素,不仅有来自团队内部因素的影响,还有来自团队外部环境因素的影响。由团队内部要素的耦合所产生的拉动作用,是时尚设计团队创新能力演化的内部动因;由团队外部要素带来的挑战和竞争压力,从而形成的与环境适应的推动作用是时尚设计团队创新能力演化的外部动因。因此,时尚设计团队创新能力的影响因素主要包括内部因素与外部因素。

　　时尚设计团队创新的内部影响因素来源于生存与发展的需要,随着快时尚消费的发展,时尚设计团队所面临的设计项目更新周期越来越短。为了保持竞争优势,团队需要不断更新信息,紧跟时尚潮流,提高创新能力。Cooper 对产品创新成功的影响因素进行研究,发现构建一个高效率的、结构合理的团队可以提高自身创新能力[218]。陈劲等基于设计驱动创新理论,提出应该从三个方面考虑此类问题,分别是相关企业拥有的内部设计资源、与企业外部环境间的联系、对设计驱动创新的认知[168]。Harvey 提出的团队创造力过程模型以资源基础理论为依据,将团队创新的原动力归纳为团队的认知、社会及环境资源;并提出这三类资源间密切联系,但也相互制约,因此需要结合具体任务来协调团队成员信息沟通及知识共享等问题,以提高创新效率[219]。Anderson 等人研究了团队异质性对复杂类团队创新效率的影响。他指出,这个异质性表现成员在学历、年龄、性别及职业等方面的差异,这种差异为团队集体创意提供了新想法,可以激发设计师的灵感,为团队带来不同的观点或认知,从而创造出充满活力的团队创新氛围。也有学者提出,这样的差异会造成成员间关系的不稳定,带来更多的不确定性,不利于创新想法的有效整合[5]。

团队创新氛围通过影响团队成员的心理和创新行为,影响团队创新能力。Somech 等对团队创造力转化为创新能力的机理进行了研究,认为团队成员异质性将激发创造力,而创造力在高水平的团队创新氛围下更容易转化为创新能力[220]。良好的创新氛围为时尚设计团队成员提供制度、资源、成员互动等方面的创新支持,有利于提高团队创新能力。部分学者研究了团队外部环境对团队创新能力的影响,他们认为,团队外部环境往往难以把握,具有不确定性的特点。一方面,它不利于创新的产生;另一方面,正是这种不确定性各个单独的个体才需要组合起来形成一个团队。因此,团队在创新的过程中,需要考虑外部环境带来的影响,但更多地表现在与外部环境的信息互动、关系的建立、社会网络的搭建以及机遇的把握等,这些都会使团队保持创新的活力,并迅速适应外部环境带来的挑战。对于时尚设计师团队而言,他们关注的点需要扩大到当前的流行趋势、文化发展趋势、民俗民风、科技的发展以及政策性的支持力度等。这些都会给团队的创作带来影响,尤其是社会文化的发展趋势。社会文化发展趋势的信息可能来自一个独立的设计机构、工作室、艺术家、一件作品等,时尚设计师团队需要对这些敏感的信息进行搜集并加工处理,因为这是使他们的创新符合当前发展趋势以及市场需求的重要信息来源[221]。这种与外部社会资本及环境的有效互动可以为时尚设计师团队带来不同的观点,有助于解决各种创新问题。由此可知,团队外部社会资本是影响设计团队创新能力的重要外部因素,它具有桥梁的作用,可以为设计团队创新搭建好平台,并整合各类网络资源,合理利用该类资源可以促进创新活动,反之,会阻碍其发展[222]。Portes 认为,此类社会资本有利于推动创新的产生,因为它可以通过相应的网络带来创新需要的资源及机遇[223];Nahapiet 同样认为,作为外部环境的社会资源,往往嵌于人际关系及社会网络之中,这种资本为团队的创新活动提供了保障,有利于团队创新的可持续发展[224]。对于时尚设计团队而言,外部环境带来的这些关系资源能力,可以促进团队成员与社会更好地相处,团队成员可以参与设计对话过程,从而产生更多符合企业发展,贴近百姓生活的创意。

因此,通过对现有文献的梳理,结合时尚设计团队的特征,本书从动力的角度将时尚设计团队创新能力影响因素分为内部因素与外部因素。其中,内部因素为团队异质性和团队创新氛围,外部因素为团队外部社会资本。对于时尚设计团队而言,内部因素与外部因素本质是为团队提供创新所需的设计资源,而这些资源需要通过团队学习的过程来内化,这样才能更好地转化为团队的创新能力。因此,本书也将其作为影响时尚设计团队创新能力的重要因素。

3.1.1　团队异质性

对异质性(Heterogeneity)的研究起源于 19 世纪 60 年代学界对种族与性别方面差异性的关注。异质性与同质性(homogeneity)属于相对的两个概念,同质性为属于同一种或同一类,而异质性则为不属于同一种或同一类。异质性作为团队构成的重要属性,近年来得到研究学者的广泛关注。早期关于团队异质性的研究以团队成员人口统计学特征的差异性为重点。Finkelste 等将团队异质性定义为团队成员在人口统计特征等方面的差异[225];Jackson 等在此研究基础上,认为团队异质性不仅包括人口统计学方面,如性别、种族等不易改变的差异,还应包含性格、教育背景和专业技术等容易改变的差异性[226];Jehn 等将异质性视为团队的重要属性,从运营成本角度来看,让具有不同能力的人员构建一个团队可以降低相应的成本[227]。Van 将团队异质性定义为使团队成员感知到自己与团队其他成员不同的各种差别[228]。Shore 等认为,团队异质性不仅表现在人口统计学方面,而且还表现在思维方式、生活习惯及宗教信仰等方面[229]。通过整理发现,关于团队异质性的定义,虽然学者们对异质性的具体内容观点不一,但是普遍认同团队异质性是团队成员的个体差异。

通过分析可以发现,国内外学者对团队异质性问题进行了深入分析,并取得了丰富的研究成果,也有部分学者对其进行了分类。为了系统地了解该理论的发展现状,本书从不同角度对其进行了归纳。从识别程度角度,可以将其分为显性和隐性异质性,代表人物包括 Cunningham 和 Sagas[230]、Pillips 和 Loyd[231]、Becker 等[232]。从异质性与工作或任务相关的角度,可以将其分为高与低任务相关异质性,相关性高主要是指在知识、技能等特质方面,相关性低则指在设计一般意义上的人口统计学特征方面,代表人物包括 Pelled 等[233]、Adams 和 Ferreira[234]、Anderson 等[235]。从异质性的描述特征角度,则可以分为信息、社会和价值观的异质性,代表人物包括 Sammarra 和 Biggiero[236]、Corsaro 等[237]、张钢等[238]、温忠麟等[239]。从异质性特质和成员的关系角度,可以分为结构异质性与情感异质性,代表人物包括 Jackson 等[240]、刘树林和唐均[241]。关于团队异质性分类的具体内容如表 3-1 所示。

表 3-1　团队异质性的分类

分类依据	分类	具体内容	作者和年份
异质性的识别程度	显性异质性(易被观察测量异质性、浅层异质性或外部型异质性)	性别、年龄和种族背景	Cunningham 和 Sagas(2004)、Pillips 和 Loyd(2006)、Becker 等(2013)
	隐性异质性(不易被观察测量的异质性、深层异质性或内向型异质性)	态度、心理、文化、教育、职能背景等	
与工作或任务相关程度	高任务相关异质性(任务导向异质性)	学历、任期和职能背景等	Jackson 等(2003)、Adams 和 Ferreira(2009)、Anderson 等(2011)
	低任务相关异质性(关系导向异质性)	年龄、性别和种族等	
异质性的描述特征	信息异质性	教育背景、经验、专业知识等	Jehn 等(2000)、Sammarra 和 Biggiero(2008)、Corsora 等(2012)、张钢等(2012)
	社会分类异质性	种族、性别、民族等	
	价值观异质性	文化、价值观、态度等	
异质性特质和成员的关系	结构异质性(传记性异质性)	年龄、性别、种族、教育背景、职能背景和任期	Barsade 等(2000)、Jackson(2003)、刘树林和唐均(2005)
	情境异质性(情感性异质性)	文化、价值观、心理素质或个性、能力或技能、态度、身份知识、决策风格	

从以上异质性分类可以发现,学者们的分类依据虽有不同,但内容有所交叉和重叠。研究成果指出异质性对团队创新能力的影响情况,并指出不同环境及不同类型异质性对团队创新能力带来的作用。但这些研究还是缺少在团队创新绩效及效果上的统一性认识。部分学者认为,异质性对团队创新具有积极的促进作用,主要是因为针对同一个主题可以有来自不同方面的信息,这样就更有利于创新[242]。而另一部分学者则认为,这些异质性会限制团队创新,因为不同的

学科、民族及宗教等在一定程度上会阻碍团队整体的和谐发展,人际沟通会增加障碍,从而影响整体的团结,造成创新水平降低的现象[243]。也有部分学者提出了异质性对团队创新所产生的作用会受到具体环境及条件的限制,例如,Wanous 等提出高差异性的团队在解决复杂问题及应急问题时往往会有更高的效率[244]。Flynn 等高差异性的团队在解决未定义的新问题方面存在一定的优势,因为他们可以带来更多的信息及方案,为合理解决该类问题提供更多的可能性[245]。在此类高异质性的团队中,相关成员更愿意进行知识的共享及信息的交流互动,从而为创新的发展提供有利的条件。根据社会分类理论和社会认同理论,个体也愿意跟自己熟悉的、来自一个地方的、毕业于同所学校的、年龄相仿的个体沟通,否则沟通会增加认同及信息沟通的难度。因此,团队异质性是影响团队创新能力的重要内部因素,对其成员异质性的深入分析,有利于把握异质性对团队创新能力的影响。

3.1.2　团队创新氛围

创新氛围的提出是在 20 世纪 80 年代,对该问题的研究既是创新研究的一个重要课题,又是气氛研究的细化和延伸。Klein 和 Sorra 通过研究发现,富有创新力的团队应该为员工提供有助于创新产生的组织氛围,并注重创新能力的培养,减少不利因素的影响[246]。Kanter 从组织理论角度对创新能力进行了分析,他认为,提高创新能力需要不同部门间的配合,不能只依靠创新团队或个人,各部门的共同协作可以激励创新人员的潜力或合作精神,从而为其带来集体荣誉感,这为团队创新创造了良好的条件。具体的创新过程还应该有明确的目标,在领导者的组织下将这些既定目标贯彻到创新中[247]。Campian 等认为,创新往往是在一个具体的工作团队中产生并发展,进而转化为组织内部常规化的实践活动。创新氛围包括管理者支持、教育训练、沟通与合作等在内的、影响工作团队创新性行为的环境因素[248]。Ambile 等人对团队创新氛围的影响机制做了初步研究,随后 Anderson 和 West 将影响团队成员创新能力的工作环境称作“团队创新氛围”,并在总结前人氛围与创新关系研究的基础上提出了团队创新的“输入—过程—输出”模型[25],具体如图 3-1 所示。

在团队创新的“输入—过程—输出”模型中,团队创新氛围可从目标认同、参与安全、任务导向和创新支持四个方面分析[25]。其中,目标认同表示团队具有

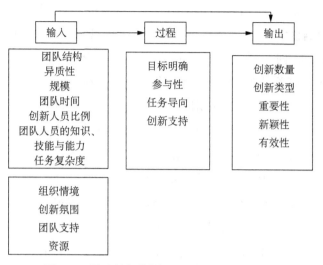

图 3-1 团队创新的"输入—过程—输出"模型

清晰的愿景目标,使团队成员更容易发现与目标相匹配的方法,激发团队成员工作的主动性,目标认同包括明确性、远见性、可获得性和共享性。参与安全是一种宽松的团队合作环境,这种环境可以让团队成员积极地参与决策和解决问题,成员之间相互影响、资源共享,有利于提出和改进工作方式。任务导向是指团队工作以当前的工作任务为中心,不断调整工作方法,为取得高绩效而展开建设性的讨论,任务导向强调评估的重要性,团队成员需要随时评估任务进展并主动地寻求改进。创新支持是为团队创新行为提供制度上和形式上的支持,以及成员之间实际的和行为上的支持,Anderson 与 West 指出,公司从战略规划和内部的规章制度等方面可以为组织提供形式上的创新支持,从领导方面对团队创新采取宽容和支持的态度是对创新的支持,这两个方面的支持对团队创新产生了重要影响[25]。国内外学者的大量研究表明,良好的创新氛围会激励团队成员的创新行为,因此企业应该在构建良好创新氛围方面加大投入。张文勤等通过研究发现,团队创新氛围、团队的目标定位及创新行为间存在着密切的关系并相互影响,创新氛围在这个过程中主要起中介的作用[249]。隋杨等人通过研究也证实了该观点,他们认为,创新氛围对团队创新能力起到了显著的正向关系,企业在注重其他影响因素的同时,也应注重这方面的作用[64]。Somech 等人对不同的行业中影响团队创新的因素进行了研究,为了更好地梳理它们之间的关系,他们重点分析了创新能力产生的机理。通过分析,他们提出,具有较好创新氛围的企业可以更容易或更快地将创造力转化为团队的创新能力;尤其是在面对较为复杂的问题时,这个作用表现得尤为突出[250]。

3.1.3　团队外部社会资本

社会资本的概念最早由 Bourdieu 提出,他认为,社会资本是一种重要的资源,是现实或者潜在的关系网络资源长期积累的结果[251]。在此基础上,国内外学者对其进行了研究,并取得了丰富的研究成果。Li 等将社会资本看作一种特殊的组织能力,因为它在企业创新过程中起到了整合社会资源及促进知识共享的作用[252];Dakhli 从组织层面上对其进行了研究,认为其不仅可为企业带来重要资源,而且可以为企业创新提供强有力的环境支撑[253];Oh 等学者从团队层面提出社会资本为团队成员与外部的互动搭建了“桥梁”,社会资本可以为团队成员的创新活动带来更多的资源[254];Burt 等从个体层面提出社会资本属于个人的人际关系网络,通过该网络,个人可以获得朋友的支持、信息的共享及重要的机遇等[255]。Portes 认为,社会资本是个体通过所构建的或者参与的社会网络来获取所需要的稀缺资源能力[256]。由于研究视角的不同,社会资本存在外部和内部之分。外部社会资本指的是主体通过社会网络或者组织结构获取有用的资源;而内部社会资本不同于外部社会资本,它是指通过组织内部的交流互动来获取相应的资源。根据社会资本结构理论,他也将社会资本分为内外两个方面。其中,团队外部社会资本是“桥梁式”的社会资本,因为它是在核心成员与相关企业或机构的管理者建立联系后,通过这个平台获取可以利用的资源。团队内部社会资本称为“内粘式”的社会资本,因为它可以通过团队及团队成员的社会网络来汇聚所需的资源[223]。Adler 和 Kwon 将微观层次和中观层次的社会资本进行综合,并称它利用个人或团队借助所拥有的社会网络,获取所需外部资源的能力,因此也称为“外部社会资本”[257]。综上所述,可知团队外部社会资本包括企业或组织外的社会关系网络、商业网络、信息网络及客户管理网络等;而内部社会资本则更关注团队成员之间的规范、信任等。

国内外学者的理论与实证研究表明,社会资本对团队创新能力具有重要影响。Wang 等人提出,企业或团队创始人拥有的社会资本对团队创新能力会产生重要的影响[258]。Cabello 等通过对企业的实证分析,发现企业中社会资本与人力资本都对团队创新有重要影响,而且社会资本需要通过人力资本来发挥作用,虽然这种作用是间接的,但它是有效的[259]。王国顺等从吸收能力的视角研究了社会资本与创新绩效的关系,他们从内外部两个方面分析了社会资本对创新的不同影响。他们认为,外部社会资本对潜在的创新能力更为有效,内部社会资本则需要通过融入能力因素来提高创新绩效[260]。林筠等研究了社会资本对企业技术创新能力的影响路径及机制,他们认为,社会资本的结构维度和认知维度均对技术创新能力产生了直接和间接的影响[261]。唐朝永等首先将社会资本分为结构资本、关系资本和认知资本,然后通过实证研究证明了社会资本与科研团队创新绩效存在显著的正向影响关系;但在实际应用过程中,失败学习可以在它们的关系中起到中介作用,并且有利于创新绩效的提高[262]。曹勇等则认为,社会资本需要通过调节知识治理与知识共享的关系,间接影响员工的创新行为[263]。曾明彬等研究了科研团队的创新能力,他们认为,团队成员所拥有的社会资本有利于他们与外部的个人或组织获取有利的资源,并通过资源的整合应用到具体的创新工作中[264]。

3.1.4　团队学习

相关学者认为,团队学习是团队成员共享自己的专业知识、经验或获取到的信息,让其他成员获取或学习这些知识或技术,从而不断丰富整个团队的知识与技能[265][266]。团队成员可以通过这种主动或被动的学习提高自身认知,促进团队体系优化,促使团队健康发展。Brown 等认为,一切设计问题都可以归结为设计的概念和概念背后的技术[267]。在以设计为主要任务的时尚设计团队中,设计的概念主要来源于社会文化[268]。社会与文化两个方面,既相对独立,又可以统一,所表达的意思也各不相同,但他们都与人类的思维、世界观、生活习惯及民俗民风等相关[269];很多设计理念来源于这些社会文化。而另外一类知识,如技术知识包括计算机技术、工程技术、人工智能及航空技术等,这些技术属于科学技术知识的范畴[270]。通过分析发现,这两类知识都十分重要。对于团队来说,他们的学习内容包括社会文化知识和技术知识。掌握社会文化知识可以更好地了解目前的情况,并在此基础上对未来发展趋势做出判断,文化知识是很多团队创意的来源;而科学技术知识为实现这些创意提供了技术保障,有利于相关团队完成产品的创新。因此,时尚设计团队应学习社会文化、科学技术这两方面的相关知识,为获得创新能力提供理论基础。

1) 时尚设计团队的社会文化学习

不论是传统的产品设计还是现代的产品设计,它们代表了当时的文化创造,并反映着文化的发展趋势,不能简单将其归为技术或艺术的设计。许喜华认为,任何产品设计创新的过程都是社会文化不断发展与丰富的过程,与其存在着紧密的联系[271]。社会文化的内外部环境、文化内涵、文化的构成、文化的分类及文化的发展趋势等都会对设计创新带来影响,但任何设计产品的创新都是对原有文化的继承、发展与丰富,并由此渐渐形成了设计文化。这个文化的分支,不仅丰富了文化的范围,而且还发挥了服务社会和美化社会的作用;社会的发展反过来又会促进设计的不断创新。因此,可以发现社会成了产品设计最初源动力和最终归宿[272]。作为时尚设计团队的设计师们,利用设计创意将社会文化一次次转化为产品符号,这个由灵感产生、创意形成、设计构思、新产品产出的过程正是产品设计创新的过程。随着全球化趋势的不断增强,消费者并未满足消费趋同的文化产品,而是更多地追求自己的个性表达,这就要求相关企业在全球市场中,应该尊重不同国家或地区的文化,在保护与传承的背景下促进其传播。设计师所创作的产品需要适应这些不同的文化,并根据不同文化修改产品设计[273]。在时尚产品市场,很多产品在满足消费者需求的过程中会出现功能性或外形趋同的现象,这就为融入当地文化带来了机遇。因为这可以使产品在某些方面表现得不一样,也有利于推动文化的传播与交流。对相关企业而言,这类现象给它们带来了机遇,由于文化产生多样性,设计师们可以有更多的设计选择。文化不仅满足了消费者个性化的产品体验,而且也拓宽了产业的价值链,增加了产品的附加值。在时尚设计团队创新过程中,社会文化学习所起到的作用不仅会影响产品创新,而且会影响消费者对文化的理解[274]。对于时尚设计师而言,社会文化知识是设计灵感与创意的主要来源,而社会文化知识主要来自团队外部。在设计产品中融入文化元素已经成为产品创新的趋势,设计产品的创新成果不仅要考虑技术研发,更重要的是产品背后的文化意义以及对时尚潮流的引领。赋予设计产品以文化,借此增加产品附加值是设计产品创新的核心。通过社会文化学习,团队对目标社会群体的行为习惯、文化价值观和社会价值观等社会文化因素有更深入的了解,可把握目标社会群体的社会文化演变,从中预测潜在和未来的需求,进而产生设计创意和设计概念、提升创新能力。

2）时尚设计团队的科学技术学习

时尚设计团队在设计创新的过程中,对社会文化知识的了解及应用是非常重要的。除此之外,他们还应该掌握必要的技术。社会文化知识可以赋予产品新的"生命"并带来创意,但需要以技术作为保障,来将创意实体化。例如,设计师在画图的过程中不能只采取传统的手绘,而应该借助先进的计算机技术来辅助设计;在加工制造过程中,设计师也需要采用先进的机械设备,使用不同的新材料;这些都需要依靠先进技术。但技术的学习不是简单的手工技能的传授,更不是技术知识的简单叠加,而是有关相关技术知识、技术能力的传授,并利用技术付诸实践的经验。时尚团队成员在技术学习过程中,通过内部的知识积累与整合,逐渐形成团队与组织的知识库,知识库是团队创新能力存在差别的重要因素[275]。而技术学习是知识增加的基础,技术知识的学习和积累有利于提高团队创新能力。Edmondson采用实证研究的方法验证了,设计团队在掌握技术知识和技能后,可以大大提升创新的效率,并拓展创意来源,同时可以借助先进的技术,将原来不可能实现的设想变为现实,技术学习极大地带动了相关行业创新的发展速度[276]。技术知识学习能够帮助研发企业提升竞争能力,而仅从外部获取互补的技术无法直接增强技术上的创新能力,团队必须通过内部的学习将外部知识融入企业的知识库。Lin研究了企业外部技术学习对创新的影响,结论表明,外部技术学习能够提高企业的竞争力,并有助于提升创新绩效[277]。因此,团队创新能力的积累可以看作是技术学习的过程,即将团队外部的技术资源向团队内部进行转化。

3.2　研究假设与模型构建

3.2.1　团队异质性与时尚设计团队创新能力的关系

时尚设计团队具有知识高度密集性的特点,成员之间往往存在一定的异质性。正是这种异质性为创新带来了更多可能,使解决一个创新任务时会有更多的方案,这极大促进了创新能力的提升。但这也同样会带来一定的风险,例如,年龄、资历、级别、价值观及生活习惯等方面的差异性,会造成团队成员关系紧张,影响信息交流的有效性及知识的共享,严重时会阻碍创新的进度。因此,企业在构建设计团队时需要合理评估这些异质性带来的影响,科学合理地安排设计人员,最大程度发挥各自的优势,并提高团队创新的效率[236]。随着研究的深入,该类问题已经成为学术界研究的重点,不同学者纷纷提出了自己的观点。Roberge 等基于已有的理论对该问题进行了研究,他们根据信息决策理论提出异质性为团队创新带来了更多的知识资源、解决问题的方法及更广泛的角度,为提高团队创新提供了条件。他们根据社会认同理论和相似吸引理论指出,具有相同社会分类的个体更容易相处,这有助于团队的团结互助;反之,则无助于团队的团结互助[278]。Parker 等认为不能一概而论,需要具体问题具体分析,例如,成员在具有较高学历及丰富工作经验的情况下,虽然成员间会存在差异,但这还是有利于新创意的产生[279]。Wiersema 等研究了年龄因素对设计团队高级管理者与成员离职率关系的影响,发现高管因为年龄的离职会造成该团队的不稳定,从而减低团队的凝聚力,造成团队创新绩效的下降[280]。张钢等人通过研究认为,年龄异质性与团队创新能力间存在显著负相关[281]。陈睿等认为,关系取向的异质性会影响团队成员之间的关系,从而限制创新的发展;而教育及工作经验的差异性特征,则会为团队提供更多的帮助,从而更有利于团队解决相关问题[282]。郑强国等通过对 130 个文化创意团队的研究,认为信息异质性与团队创新能力呈正相关,社会分类异质性、价值观异质性与团队创新能力呈负相关[283]。因此,本书提出以下假设。

H1a:社会分类异质性与时尚设计团队创新能力负相关。

H1b:价值观异质性与时尚设计团队创新能力负相关。

H1c:信息异质性与时尚设计团队创新能力正相关。

3.2.2　团队创新氛围与时尚设计团队创新能力的关系

团队创新氛围作为一种可以让个体成员领会到的环境,是企业或组织运用所掌握的资源及方法努力营造出的。这样的环境不仅为创新创造了条件,也提高了团队的凝聚力。这种团队环境包括团队领导对创新能力的培养、团队对待新想法的态度、团队奖励机制对创新的鼓励和团队资源对创新的支持等[284]。团队成员感受到了某方面的激励后,他会在团队内部表现出更强的工作动力,从而激发其创新力;相反,员工会产生抵触情绪或消极怠工,从而影响创新的效率[285]。通过分析可以发现,影响团队创新氛围的因素不是一成不变,它往往会随着成员的调整、任务的多少、实施进度、领导管理、相关政策等改变。因此,构建良好的创新氛围需要企业或组织依据企业自身情况及发展战略做出规划。同时,还应该明确地告知团队成员,创新对整个团队非常重要,它不仅会影响到团队的成功,还会作用于个人的发展。在管理中应该鼓励团队成员积极探索创新,同时也应该克服创新过程中存在的困难和风险。为了找到影响团队创新的具体原因,Anderson 与 West 开发了团队创新氛围量表,他们通过一系列的实证分析,将创新氛围分为团队成员的参与安全、团队成员对创新目标认同、具体创新任务导向、来自组织内外的创新支持及团队成员间的互动频率[25]。该量表的提出为后续相关研究奠定了重要理论基础。McGrath 通过对设计团队进行长时间的调研发现,较好的创新氛围可为团队创新提供保障。这些创新氛围不仅体现在团队方面,还体现在企业的发展情况以及经营环境的好坏等方面;团队成员间应该建立友好的同事关系,这样会促进团队的创新[286]。Bharadwaj 等认为,创新氛围能有效地预测团队的创新行为[287]。Bain 等对 38 个研发团队创新影响因素进行研究发现,"创新的支持""目的性"和"任务取向"等因素与团队创新呈正相关[288]。Shin 等认为,企业或组织在团队创新成员面临工作风险或困难时给予大力支持及认可态度,团队成员会更乐意发挥自己的创意,同时他们也会在这样轻松的环境中带来更具创意的想法[289]。Hult 等对创业团队创新氛围的形成进行了研究,他们发现,创业之初这些成员面对环境的变化会表现出更强的主动适应行为,往往会更加积极地采取相关措施去改变,从而为取得更多创新提供条件[290]。李媛等在 Anderson 等人研究成果的基础上,从明确的团队创新目标、清晰的任务导向、团队成员的信息互动频率、团队成员参与安全及支持创新五个维度,研究了团队创新氛围对基础研究团队与技术开发团队产生的不同影响。研究发现,创新氛围对这两个团队都会产生影响,并且对基础研究团队产生的正向影响大于对技术开发团队产生的影响[291]。基于此,本书提出如下假设。

H2:团队创新氛围与时尚设计团队创新能力正相关。

3.2.3 团队外部社会资本与时尚设计团队创新能力关系

Maskell P 认为,外部社会资本对企业创新具有重要的作用,主要表现在它可以收集企业需要的各类资源,从而降低企业的信息获取成本、经营管理成本、交易的成本及决策成本等;企业通过有效外部互动可以获取更多有用的信息资源,与更多企业建立关系,可以为企业经营决策提供更多的选择,从而降低交易成本;企业还可以通过外部社会资本获取更多的知识资源,通过培训或建立团队学习机制让设计团队掌握更多的知识,从而为团队创新能力的提高奠定基础[292]。Yli 等通过分析相关企业合作关系、企业与客户间的关系,发现合理利用企业外部社会资本可以促进企业的团队创新[293]。曾明彬等研究了科研团队的创新问题,并根据科研团队的特征,将科研团队外部社会资本分为嵌在学术交流圈中的社会资本和嵌在政企联系圈中的社会资本,他们通过调研及实证分析发现,这两类社会资本都对团队创新绩效有正向影响,影响程度则存在一定的差异[294]。侯楠等的研究表明,外部社会资本对团队创新绩效起到了中介作用[295]。根据相关学者对社会资本的分类,本书将团队外部社会资本分为结构资本、关系资本和认知资本[225]。其中,结构资本是指企业或组织所构建的关系网络给团队创造了更多获取相关信息的机会,设计团队可以通过该网络与企业外部进行有效的信息沟通,这样就为团队创新补充了信息资源,进而提升了团队的创新能力。关系资本,是指团队成员或管理者通过与其他企业员工或社会人员建立信任关系,获取团队创新需要的知识及技能,扩大团队获取知识的范围;在碰到一些难度较大的问题时,也可以由此产生更多的解决方案,从而支持团队创新活动。认知资本,是指团队成员与企业的外部人员如果在研究方向、任务、技术、知识及经验等方面有着共同点或存在密切联系,那么团队成员在企业容许的范围内就可以通过关系网络与这些人员进行知识、技术及技能等方面的沟通与交流。这一方面有利于扩大团队接触到的知识范围;另一方面也有利于获得外部社会资本的认可。这会极大地促进团队的创新活动,并且有利于创新能力的提高[296]。因此,本书提出以下假设。

H3a:团队外部结构资本与时尚设计团队创新能力正相关。

H3b:团队外部关系资本与时尚设计团队创新能力正相关。

H3c:团队外部认知资本与时尚设计团队创新能力正相关。

3.2.4　团队学习的中介作用

3.2.4.1　团队异质性与团队学习的关系

时尚设计团队主要由具有差异性的设计师构成,这种差异性既表现在种族和性别等关系取向的特征方面,也表现在背景、工作经历、操作经验等任务相关的特征方面。团队异质性的特点决定了团队成员在团队内外环境、团队面临的问题、如何改善团队运行状况等基本问题的看法上往往存在差异,而这些差异会对团队学习的过程产生重要影响。Offenbeek 通过分析不同行业的团队指出,这些团队在构建之初的异质性越高,成员在具体的创新过程中就会获得更多的信息及知识,从而增加团队学习的内容[297]。Gibson 等人研究了在人口统计学特征方面存在异质性的团队学习情况,他们发现,当差异较大或差异分布均匀时,团队成员的团队学习热情更高,这为相关企业构建设计团队成员提供了理论参考[298]。Ellis 等人研究了不同企业设计团队成员具有的认知水平与他们团队学习的联系,他们认为两者间存在密切的关系,且前者对后者形成了正向影响[299]。Van 等的研究表明,设计团队成员专业背景多样性与团队学习行为之间存在曲线关系,曲线关系的方向取决于团队认同感。当团队认同感低时,二者呈U 型关系;当团队认同感高时,二者呈倒 U 型关系。对于团队学习而言,成员在日常生活、工作中积累的知识和经验,比专业背景积累的知识与技能更为重要[300]。当时尚设计团队中的设计师参与具体的设计任务时,他们会根据设计目标在脑海中勾勒出一些影像,如果该团队存在较大的异质性特征,则他们会针对该设计任务不断地进行讨论或信息共享。这样就会不断挖掘他们已有知识库的显性知识、隐藏在关系网内的隐性知识以及成员个体的隐性知识,从而使其与所参与的设计任务相匹配。在整个团队创新过程中,团队学习的知识内容会通过成员的交流互动,被不断传递、传播、接受以及利用等,从而有助于团队学习的完成。但是当团队成员在价值观、生活习惯、思维方式、年龄及性别等方面存在较高的异质性时,信息或知识在他们间的传递速度及效果会受到影响。某些成员不会将所知道的关键性知识或技术告诉其他人,这导致团队学习效果下降。因此,本书提出以下假设。

H4a:团队社会分类异质性与时尚设计团队技术学习负相关。

H4b:团队信息异质性与时尚设计团队技术学习正相关。

H4c:团队价值观异质性与时尚设计团队技术学习负相关。

H5a:团队社会分类异质性与时尚设计团队社会文化学习负相关。

H5b:团队信息异质性与时尚设计团队社会文化学习正相关。

H5c:团队价值观异质性与时尚设计团队社会文化学习负相关。

3.2.4.2   团队创新氛围与团队学习的关系

Ahmed 在研究组织持续学习中发现,虽然大多数组织都意识到学习的重要性,但是很多企业并不愿意在这个方面投入太多。这就造成了团队学习过程的中断或不系统现象的发生。事实上,组织要保持学习并进行持续改进不仅需要内外部的资源支持,更重要的是营造有利于学习的氛围与持续改进的文化氛围[301]。Anderson 提出的团队学习模型,将团队心理安全视为团队氛围的一个维度,认为团队心理安全对团队学习具有正向影响,团队中支持创新、鼓励勇于发表意见的氛围,会增加团队成员认知的心理安全,有利于团队的学习[5]。团队宽容氛围与团队心理安全感的概念具有相似之处,都关注成员对团队支持行为的认知与理解。Shepherd 等对德国 12 个科研机构中的 585 名科学家在项目失败后的情绪管理进行了深入研究,认为科学界所在的机构如果具有良好的宽容氛围,那么就有利于他们减缓失败后的消极情绪,并可以更快地从失败中寻找原因,进而再次学习[302]。王重鸣等同样研究了此类问题,他们归纳出了构建宽容氛围的原因,一是可以让团队成员客观地总结出现的错误,并能够找出问题所在,然后有针对性地进行新知识或技能的学习,从而提高团队创新能力。二是让团队成员形成乐观的态度,不去纠结这个问题是谁造成的,而是去帮助找出原因,并通过团队学习找出相应的解决方案。三是可以改善团队成员间的人际关系,让所有成员能开诚布公地分享自己的经验或知识,从而提高团队的凝聚力,形成集体克服困难的良好工作作风[303][304]。骆均其对浙江民营企业的团队创新问题进行了深入的研究,提出团队氛围可以为企业提高团队创新绩效提供较好的保障,团队学习可以提高团队绩效;团队学习在团队氛围对团队绩效的影响中起中介作用[305]。因此,本书提出以下假设。

H6a:团队创新氛围与时尚设计团队技术学习正相关。

H6b:团队创新氛围与时尚设计团队社会文化学习正相关。

3.2.4.3   团队外部社会资本与团队学习的关系

团队外部社会资本提供给团队的相关资源,会形成团队学习的部分内容。彭灿等将团队外部社会资本促进团队学习的过程分为内、外两个方面,通过对企业团队创新问题的分析,他们提出,外部社会资本会为企业带来更多信息、知识及技术等资源,团队需要消化吸收这些资源,这个吸收的过程可能是组织培训或参观学习的过程,也可能是通过有效的团队学习来提高团队创新能力的过程[306]。Hongseok等人通过对设计及科技类公司的设计团队的分析,认为这些企业在接到设计创新任务以后,面临两种情况:一种是自己曾经做过或擅长的设计任务,另一种是新的任务。这就要求团队利用公司的外部社会资本获取有用的信息或技术,从而为团队创新提供保障[307]。相关学者认为,借助外部社会资本来获取信息、知识及技能已经成为很多公司的普遍做法。他们认为,这个不是创新能力低的表现,而是提高团队创新能力的重要机会;公司所掌控的外部社会资本越多,获取的信息或知识就越多;通过与外部人员进行沟通交流或项目合作,团队人员一方面拓宽了社会资本网络,另一方面丰富了获取知识的路径[308]。团队或团队成员正是通过这种与外部社会关系网络的交流互动,才逐渐建立了信任,随之而来的是交流内容的加深和交流对象的丰富。信任的日益增强使社会网络上的企业逐渐形成了更为紧密的伙伴关系或联盟关系,这些都为提高团队创新提供了更好的保障[309]。

综上所述,团队创新的成果是各方面共同努力的结果,优秀的设计团队在创新时会积极发挥所掌握的各类社会资本的作用,争取得到来自各行各业的支持。这些都会给团队成员带来机遇与挑战,团队成员与这些来自外部的社会关系进行互动的过程,本身就是学习的过程;在建立联系的过程中可以让团队成员发现问题或了解所需要的知识及技术,促使成员从被动学习变为主动学习,从而提高了团队学习的效率。时尚设计团队与一般的设计团队有相同之处,也有不同之处,这就决定了该团队更需要与当前的流行趋势、时尚类杂志、时装秀场、新材料的研发机构、先进的科技及客户的需求等建立一定的联系,从而及时捕获设计灵感和设计素材。当团队获得外部信任的程度越高、共同语言越多时,团队内外交流就越深入,团队就越能及时而有效地发现环境的变化和所需的资源。这有助于提高团队社会文化和技术学习水平;反之,则会限制时尚设计团队创新的发展。因此,本书提出以下假设:

H7a:团队外部结构资本与时尚设计团队技术学习正相关。

H7b:团队外部认知资本与时尚设计团队技术学习正相关。

H7c:团队外部关系资本与时尚设计团队技术学习正相关。

H8a:团队外部结构资本与时尚设计团队社会文化学习正相关。

H8b:团队外部认知资本与时尚设计团队社会文化学习正相关。

H8c:团队外部关系资本与时尚设计团队社会文化学习正相关。

3.2.4.4　团队学习与时尚设计团队创新能力的关系

Bunderson 提出,团队成员必须掌握团队学习的技能、养成学习的习惯,因为作为提供创新产品的一员,不能只停留在自己的思考中,而是要放眼全世界,通过不断学习来提高自己的创新能力[310]。Edmondson 通过研究发现,有效的团队学习可以激发团队成员的求知欲及探索欲,这些正是创新人员应该具有的特质,同时团队学习过程中知识技能的不断提高为创新活动提供了可能[311]。Bosch 等对虚拟团队的学习与创新的关系进行了研究,认为虚拟环境能够通过所营造的学习氛围使团队成员共享信息、建立社会网络,从而促进虚拟团队的创新[312]。张爽基于演化理论构建了科研团队创新与团队学习的关系模型,他们运用该模型对科研团队进行了研究,发现组织学习、组织惯例、团队创新能力之间存在环环相扣的逻辑关系。这些环节协同发展缺一不可,只有正确处理它们的关系才可以提高创新能力[313]。姜秀珍等从人力资本与社会资本的视角以研发团队为对象,分析了研发团队在错误中学习与创新绩效的关系,指出错误中学习对团队创新具有显著的正向影响[314];其他学者同样针对该类问题进行了分析,他认为失败学习与成功学习是团队学习的两种形式,它们都会对团队创新产生影响,其中失败学习比成功学习更能推动经验及知识在团队成员中的传播,应该引起团队领导者的重视。团队学习的内容可以分为技术知识和社会知识两个方面,这两方面内容对时尚设计团队而言都十分重要,但它们起到的效果与作用存在一定的差异。社会知识可以为设计师提供更多的灵感来源,反映客户需求及社会文化发展的趋势,学习社会知识能让团队把握设计的主流方向及目标群体;技术知识则是实现这些目标及要求的专业技能与科学技术等方面,它可以将设想变为现实,将创意转化为新产品,它是实现团队创新的技术保障。通过分析可以发现,这两方面的知识对团队创新很重要,团队成员应该加强学习,从而提高创新能力。因此,本书提出以下假设:

H9a:团队技术学习与时尚设计团队创新能力正相关。

H9b:团队社会文化学习与时尚设计团队创新能力正相关。

3.2.4.5　团队学习在团队异质性与时尚设计团队创新能力之间的中介作用

时尚设计类的工作具有复杂性、多样化、多学科交叉等特点,在具体的设计工作中,设计团队还需要根据客户的需要去设计符合其特点的产品,这就会给设计任务带来诸多的不确定性、复杂性及模糊性,设计过程需要团队人员掌握丰富的专业知识、技能及处理信息的能力。面对这样的设计任务,团队在构建时,应科学合理地搭配成员,以便提高团队创新的效率。Müller 通过研究发现,完成难度较高的创新任务需要异质性高的设计团队,这样的团队通过团队学习可以解决很多复杂的问题,并且有利于团队创新能力的提升[315]。Cheng 等人通过研究发现,团队中个体差异有利于团队成员的交流互动,有效的沟通学习可以提高团队成员的创新能力[316]。Karau 则认为,不是所有的个体差异都会促进团队创新,年龄、性别及受教育程度等方面的差异会导致部分团队成员陷入交流障碍的境地,从而阻碍团队的创新活动[317]。笔者认为,时尚设计团队成员在知识背景、工作经历等方面的差异性,使团队成员之间可通过正式或非正式途径进行信息共享、相互配合以产生协同效应,从而有利于团队技术学习与社会文化学习。对技术和社会文化知识的学习,可以进一步提高团队创新能力。而时尚设计团队成员在人口统计学文化、价值观、态度等方面的差异,会引起团队冲突并产生沟通障碍,这不利于团队成员对社会知识和技术知识的学习,进而阻碍团队合作与创新。因此,本书提出以下假设:

H10a:团队技术学习在社会分类异质性与时尚设计团队创新能力之间起中介作用。

H10b:团队技术学习在信息异质性与时尚设计团队创新能力之间起中介作用。

H10c:团队技术学习在价值观异质性与时尚设计团队创新能力之间起中介作用。

H11a:团队社会文化学习在社会分类异质性与时尚设计团队创新能力之间起中介作用。

H11b:团队社会文化学习在信息异质性与时尚设计团队创新能力之间起中介作用。

H11c:团队社会文化学习在价值观异质性与时尚设计团队创新能力之间起中介作用。

3.2.4.6 团队学习在团队创新氛围与时尚设计团队创新能力之间的中介作用

知识、技能及经验往往构成了创新活动的基础,它们可能来自别人,也可能来自团队成员学习的结果。一个新的设计团队在构建之初,往往会出现成员间的不信任现象,这时需要企业或组织介入,他们可以通过团队学习活动增进成员对彼此的了解,也可以要求有经验的成员引导新成员从事相关工作,以便更快融入新工作。当然还有其他方法,如营造良好的创新氛围,让新员工在失败知识和成功知识中学习,以尽快适应创新活动[318]。部分学者应用资源观理论、组织学习理论、动态能力理论等对该类问题进行了深入分析,他们一致认为团队学习是提高团队创新能力最有效的途径之一。Mullen 和 Lyles 在分析国外大量的企业后指出,良好的创新氛围不仅可以提高团队学习的效率,而且可以在此基础上提升团队创新的能力[319];Cohen 和 Levinthal 持有同样的观点,他们指出,创新氛围不直接作用于创新绩效,而是通过激励团队成员来间接促进团队创新[320]。通过分析可以发现,良好的团队氛围有利于形成愉快的工作氛围,团队成员在紧张工作或刻苦思考时需要有一个良好的氛围,因为它会影响到成员的情感状态,会在情绪上影响他们。时尚设计团队成员在面对设计任务,需要及时做出设计方案的情况下,工作压力非常大,这时缓解他们的情绪会在一定程度上激发其创新意识。例如,通过组织讨论或团队学习,让大家在这个氛围中去分享新想法、提出解决思路、让个体得到展示,从而体验成功感等,这些都可以影响团队成员的创新效率。新员工在这样的组织环境中可以更快成长,并掌握相关知识及技能。这一方面促进了团队的团结,另一方面激发了团队创新效率。因此,本书提出以下假设:

H12a:团队技术学习在团队创新氛围与时尚设计团队创新能力之间起中介作用。

H12b:团队社会文化学习在团队创新氛围与时尚设计团队创新能力之间起中介作用。

3.2.4.7　团队学习在外部社会资本与时尚设计团队创新能力之间的中介作用

团队外部社会资本通常有两种表现形式:一是团队成员与其他外部组织或成员形成的横向关系网络;二是团队成员与上游、中游、下游构建的纵向联系,它通过人员的互动、信息的交流、信任关系的建立及关系网的构建等方式来影响团队构建以及创新能力[321]。团队创新能力的提升不仅要依靠团队成员自身的能力,而且还要确保团队成员具有较高的学习能力,因为高的整合能力会带来更多的选择,也会带来更好的创意[322]。Subramaniam 等认为,设计团队成员不应该故步自封,而应该多与人交流互动,交换信息和共享知识,只有这样,才能够掌握更好的资源,服务于创新活动[323]。Carmeli 认为,如果组织中的社会资本强,高质量的人际关系就更容易形成,这种关系网络不仅会带来有用的信息,而且会引导设计者找准研究方向、提高自信,并带来相应的荣誉感,这些都会促进团队创新的不断提高[324]。Carmeli 和 Gittell 发现,社会资本能够提高参与者的信心,有助于提高团队学习的效果,有助于提高团队创新的能力[325]。蒋天颖等认为,企业在行业内的地位及对自己的明确定位有利于其找到更合适的外部社会资本。在这种情况下,团队才可以合理利用这些资源,从而在技术知识方面取得优势,进而不断提高团队创新的能力[326]。团队学习在外部社会资本与时尚团队创新能力之间起到的是一种桥梁作用,团队外部结构资本、关系资本和认知资本是建立在技术知识和社会知识资源的获取或交换的基础上,通过团队技术学习和社会文化学习内化其资源,从而对团队创新能力产生影响。因此,本书提出以下假设:

H13a:团队技术学习在团队外部结构资本与时尚设计团队创新能力之间起中介作用。

H13b:团队技术学习在团队外部关系资本与时尚设计团队创新能力之间起中介作用。

H13c:团队技术学习在团队外部认知资本与时尚设计团队创新能力之间起中介作用。

H14a:团队社会文化学习在团队外部结构资本与时尚设计团队创新能力之间起中介作用。

H14b:团队社会文化学习在团队外部关系资本与团队创新能力之间起中介作用。

H14c:团队社会文化学习在团队外部认知资本与时尚设计团队创新能力之间起中介作用。

3.2.5 目标依赖性的调节作用

合作竞争理论的实验研究和理论探索始于社会心理学家 Morton 在 20 世纪 40 年代末的研究。Morton 提出的目标结构理论认为驱动目标的不同会产生竞争行为和合作行为,他将这种目标结构划分为竞争的目标结构和合作的目标结构[327]。在合作的目标结构下,个体目标与团队的目标将保持一致,个体目标的实现同团队的合作相联系。在竞争的目标结构下,个体目标与团队目标是一种负相关,各个成员间存在一种相悖的关系,个体与其他成员相竞争,这样就会造成负面影响不断增加。在这种情况下,人们采用了不利于对方的方法,并且过多关注了利于自己的方面,从而影响了团队目标实现的进度。该理论认为,人们对彼此目标相互依赖性的认识,会影响他们的沟通效果和共同工作的效率。

国内外学者对合作与竞争理论的实证研究已经取得了丰富的理论成果。Yi-feng Chen 和 Tjosvold 等研究了外国经理与中国员工的互动关系,研究表明,合作性目标而非竞争性目标可以通过促使团队成员进行开诚布公的讨论、用建设性的处理方法考虑不同的争议,从而提高员工满意度、激发创新意识[328]。Chen 等研究了团队成员中新人如果能更好地融入团队,老员工提出团队成熟的价值观容易影响新人的价值观、他们工作的方式以及对目标的依赖性,这些都可以促使他们与老员工更好的相处;而且关系型和开放式的团队价值观会加强新老员工的互动,从而使他们更好地理解合作型目标,促进团队目标的实现[329]。Wong 等认为,合作性目标和资源交换是政府与企业建立良好关系的基础,政府会通过与企业进行资源交换提升政府在行业管理中的胜任力,而竞争性目标会使企业担心被利用而难以与政府进行资源交换,从而降低政府的公信力[330]。杨肖锋等探讨了团队认同、网络中心性与合作性目标的关系,他们认为合作性目标起到了中介作用[331]。Tjosvold 等的研究认为,当管理者面对不确定事件时,建设性争论和开诚布公的讨论可以促进决策的有效性,合作性目标调节了不确定性与决策有效性之间的关系,同事之间低水平的合作性目标会促使他们进行更深入的建设性争论,从而强化不确定性与决策有效性之间的关系[332]。本书认为,团队异质性与团队学习的关系受到团队目标的影响。当时尚设计团队成员之间的目标为合作性时,团队成员会增进相关交流,进行知识及经验的共享。这促进了成员间的合作,并有利于新想法和创意的涌现,大家共同努力去实现团队目标,因而会加强团队信息异质性对团队学习的正向影响,同时减少团队社会分类异质性和价值观异质性对团队学习的负面影响。当时尚设计团队成员之间的目标为竞争性时,团队成员之间的关系也会是竞争型的。团队成员之间的利益相互抵触,大家相互拆台、互相阻挠,因而弱化团队信息异质性对团队学习的正向影响,同时增强团队社会分类异质性和价值观异质性对团队学习的负面影响。

因此,本书提出以下假设:

H15a:团队合作性目标对社会分类异质性与时尚设计团队技术学习的关系起正向调节作用。

H15b:团队合作性目标对信息异质性与时尚设计团队技术学习的关系起正向调节作用。

H15c:团队合作性目标对价值观异质性与时尚设计团队技术学习的关系起正向调节作用。

H15d:团队合作性目标对社会分类异质性与时尚设计团队社会文化学习的关系起正向调节作用。

H15e:团队合作性目标对信息异质性与时尚设计团队社会文化学习的关系起正向调节作用。

H15f:团队合作性目标对价值观异质性与时尚设计团队社会文化学习的关系起正向调节作用。

H16a:团队竞争性目标对社会分类异质性与时尚设计团队技术学习的关系起负向调节作用。

H16b:团队竞争性目标对信息异质性与时尚设计团队技术学习的关系起负向调节作用。

H16c:团队竞争性目标对价值观异质性与时尚设计团队技术学习的关系起负向调节作用。

H16d:团队竞争性目标对社会分类异质性与时尚设计团队社会文化学习的关系起负向调节作用。

H16e:团队竞争性目标对信息异质性与时尚设计团队社会文化学习的关系起负向调节作用。

H16f:团队竞争性目标对价值观异质性与时尚设计团队社会文化学习的关系起负向调节作用。

3.2.6 研究假设汇总与理论模型构建

本书认为,团队异质性、团队创新氛围、团队外部社会资本会对团队学习产生影响,进而影响时尚设计团队的创新能力。在此背景下,本书将团队目标依赖性引入,探讨合作性目标和竞争性目标对"团队异质性—团队学习"的调节作用。本书基于国内外学者的研究成果,结合研究的主要内容,提出系列假设,并在此基础上构建了时尚设计团队创新能力影响因素的概念模型,具体如图 3-2 所示。前面的假设检验汇总,如表 3-2 所示。

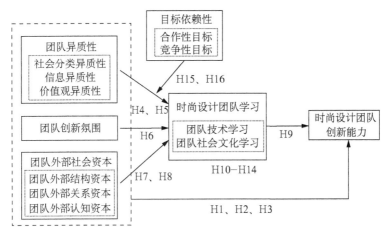

图 3-2　概念模型

表 3-2　假设检验汇总

假设编号	假设内容
H1a	社会分类异质性与时尚设计团队创新能力负相关
H1b	价值观异质性与时尚设计团队创新能力负相关
H1c	信息异质性与时尚设计团队创新能力正相关
H2	团队创新氛围与时尚设计团队创新能力正相关
H3a	团队外部结构资本与时尚设计团队创新能力正相关
H3b	团队外部关系资本与时尚设计团队创新能力正相关
H3c	团队外部认知资本与时尚设计团队创新能力正相关
H4a	团队社会分类异质性与时尚设计团队技术学习负相关
H4b	团队信息异质性与时尚设计团队技术学习正相关
H4c	团队价值观异质性与时尚设计团队技术学习负相关
H5a	团队社会分类异质性与时尚设计团队社会文化学习负相关
H5b	团队信息异质性与时尚设计团队社会文化学习正相关

假设编号	假设内容
H5c	团队价值观异质性与时尚设计团队社会文化学习负相关
H6a	团队创新氛围与时尚设计团队技术学习正相关
H6b	团队创新氛围与时尚设计团队社会文化学习正相关
H7a	团队外部结构资本与时尚设计团队技术学习正相关
H7b	团队外部认知资本与时尚设计团队技术学习正相关
H7c	团队外部关系资本与时尚设计团队技术学习正相关
H8a	团队外部结构资本与时尚设计团队社会文化学习正相关
H8b	团队外部认知资本与时尚设计团队社会文化学习正相关
H8c	团队外部关系资本与时尚设计团队社会文化学习正相关
H9a	团队技术学习与时尚设计团队创新能力正相关
H9b	团队社会文化学习与时尚设计团队创新能力正相关
H10a	团队技术学习在社会分类异质性与时尚设计团队创新能力之间起中介作用
H10b	团队技术学习在信息异质性与时尚设计团队创新能力之间起中介作用
H10c	团队技术学习在价值观异质性与时尚设计团队创新能力之间起中介作用
H11a	团队社会文化学习在社会分类异质性与时尚设计团队创新能力之间起中介作用
H11b	团队社会文化学习在信息异质性与时尚设计团队创新能力之间起中介作用
H11c	团队社会文化学习在价值观异质性与时尚设计团队创新能力之间起中介作用
H12a	团队技术学习在团队创新氛围与时尚设计团队创新能力之间起中介作用
H12b	团队社会文化学习在团队创新氛围与时尚设计团队创新能力之间起中介作用
H13a	团队技术学习在团队外部结构资本与时尚设计团队创新能力之间起中介作用
H13b	团队技术学习在团队外部关系资本与时尚设计团队创新能力之间起中介作用

假设编号	假设内容
H13c	团队技术学习在团队外部认知资本与时尚设计团队创新能力之间起中介作用
H14a	团队社会文化学习在团队外部结构资本与时尚设计团队创新能力之间起中介作用
H14b	团队社会文化学习在团队外部关系资本与时尚设计团队创新能力之间起中介作用
H14c	团队社会文化学习在团队外部认知资本与时尚设计团队创新能力之间起中介作用
H15a	团队合作性目标对社会分类异质性与时尚设计团队技术学习的关系起正向调节作用
H15b	团队合作性目标对信息异质性与时尚设计团队技术学习的关系起正向调节作用
H15c	团队合作性目标对价值观异质性与时尚设计团队技术学习的关系起正向调节作用
H15d	团队合作性目标对社会分类异质性与时尚设计团队社会文化学习的关系起正向调节作用
H15e	团队合作性目标对信息异质性与时尚设计团队社会文化学习的关系起正向调节作用
H15f	团队合作性目标对价值观异质性与时尚设计团队社会文化学习的关系起正向调节作用
H16a	团队竞争性目标对社会分类异质性与时尚设计团队技术学习的关系起负向调节作用
H16b	团队竞争性目标对信息异质性与时尚设计团队技术学习的关系起负向调节作用
H16c	团队竞争性目标对价值观异质性与时尚设计团队技术学习的关系起负向调节作用
H16d	团队竞争性目标对社会分类异质性与时尚设计团队社会文化学习关系起负向调节作用
H16e	团队竞争性目标对信息异质性与时尚设计团队社会文化学习的关系起负向调节作用
H16f	团队竞争性目标对价值观异质性与时尚设计团队社会文化学习的关系起负向调节作用

3.3　小结

　　本章在对时尚设计团队创新能力的内部与外部因素进行分析的基础上,提出影响时尚设计团队创新能力的重要因素包括团队异质性、团队创新氛围、团队外部社会资本和团队学习。本章通过梳理和总结相关领域的最新研究进展,以团队异质性、团队创新氛围、团队外部社会资本影响团队学习,进而影响时尚设计团队创新能力为研究思路,将团队目标依赖性引入研究,探讨内外部因素对时尚设计团队创新能力的影响机理和作用机制。通过理论分析和逻辑推理,本书提出系列研究假设,构建了时尚设计团队创新能力影响因素的概念模型。

第4章 时尚设计团队创新能力影响因素模型研究设计

根据前文的研究假设与概念模型,本章将依据科学的方法设计调查问卷。首先,对设计问卷的基本原则、程序和过程进行说明,并对可能出现的称许性偏差问题的预防和处理进行阐述;其次,说明小规模访谈的对象、过程与访谈问题,从而验证概念模型的合理性,对测量条款进行修正和完善;再次,介绍变量的测量过程和初始量表的编制过程;最后,对调查问卷进行小样本检测,以检验量表的有效性和可靠性,根据检验结果对问卷进行修订,形成最终的调查问卷。

4.1 问卷设计

4.1.1 问卷设计的原则与过程

问卷调查法在定量研究领域被普遍使用,有效的问卷调查法可便于被调查者理解问卷内容,并获得较高质量的数据[333]。问卷设计的目的在于收集研究所需的资料,使获得的资料尽可能接近所要研究的问题和假设[334]。以这个目的为出发点,问卷设计必须遵从以下原则:①问题的类型必须正确并且恰当,研究性质决定提问方式(开放式或限制式)。②问题应与研究假设和研究目的直接相关。③问题表述必须准确,不能同时包含两个或两个以上的观念或事实。④问题必须是中性的,不能带有暗示性和倾向性,不能涉及社会禁忌或个人喜好。⑤测量的问题需要人性化的设计,不能太偏激,所涉及的知识及技术范围应是为被访者所接受的,不应有太多的专业词语,不应太抽象、太复杂等。⑥不应设计太多让被调查者回忆过往的问题,因为准确性可能会降低,假设或猜测的提问模式也要避免使用[335]。

根据以上问卷设计的原则,问卷设计的过程如下:①文献回顾、理论推演及经典量表搜集。对国内外相关研究成果进行分析,归纳出与本文测量变量相关的成熟量表;在界定相关变量概念及分类的基础上,确定相关量表的信度与效度水平,然后修改并完善拟采用量表。②测量题项对译。为避免不恰当翻译导致原有量表题项含义曲解的问题,学者们普遍采用量表对译的方式;本书请两名英语专业的硕士研究生将英文量表翻译成中文,再请两名在英语国家攻读管理学专业的博士研究生将翻译后的量表重新译回英文;之后与原英文量表进行逐一对比,寻找错误及偏差,在此基础上修正与完善量表,确保量表的准确性及完整性。③小规模访谈。通过对专家(相关领域教授、学者)和研究对象(时尚设计团队管理者、设计团队中的设计师)的小规模访谈,进一步完善和补充量表内容,形成初始量表。④样本预测。为了更好地验证所构建量表的信度与效度,本书在正式调查之前,进行小规模的预测;根据预测情况,对其进行完善与优化,形成最终的调查问卷。

4.1.2 社会称许性偏差的处理

本书在以自我报告的方式对个体的态度及行为进行测量时,会发现社会称许性偏差的问题。该问题是个体在接受访问或测试时,出于自尊、爱面子、取悦别人、给别人留下良好印象、避免责罚与批评等的考虑,个体表现出积极的自我描述倾向[335]。社会称许性反应倾向会较大程度地降低数据的准确性,进而降低调查问卷的信度与效度;它一般包括自我欺骗和印象管理两类[336]。在问卷调查过程中,需要防范和减少该类问题对调查结果造成的影响。为此,本书参考国内外研究成果,在问卷设计过程中做了如下应对和处理:①尽量借鉴已经被相关研究证实有效的测量量表,确保问卷条款的严谨性。②在问卷的导语部分明示本次问卷调查所获得的数据绝不外传,只作学术研究使用,调查采用匿名方式,并郑重承诺保护个人隐私,从而消除被调查者的后顾之忧。③设置反向问题以相互验证,并推测数据的真实程度。④使用客观、中性的词语来表述问卷中的所有问题,避免引导性问题的出现[335]。

4.2 小规模访谈

调研者可以通过小规模访谈获得调研所需的第一手资料,并且它是了解调查对象和验证所研究问题有效性的重要方法。具体的访谈需要双方面对面进行,通过半结构访谈问题深入了解所研究框架的合理性、所设置问题的规范性以及问卷内容的完整性等;在访谈结束后需要根据访谈的结果对原有的问卷进行修正与完善,从而不断提高调查问卷的质量[337]。

本书的访谈始于 2017 年 10 月末,结束于 12 月末,历时两个月。根据研究对象和研究问题,本书以时尚设计企业项目团队的主管、设计总监、设计师和设计类专业教授共 16 人作为访谈对象。访谈采用半结构化的形式进行面对面的问答,受访者在访谈开始前收到有关访谈提纲的电子邮件,了解访谈的内容。在访谈前,采访者告知了所有受访者访谈过程中获取的资料及数据只作学术研究使用,且采用匿名形式,以消除对方的疑虑。每次访谈的时间控制在 30～45 分钟,在访谈结束之后,在 24 小时之内将访谈记录整理成文稿。

访谈的信息及问题包括以下几点:①时尚设计团队的基本情况,如团队成员数量、教育背景、特长、项目分工情况、各成员的角色和责任、性别、年龄等。②时尚设计团队工作的基本流程是什么?③您认为时尚设计团队的创新能力体现在哪些方面?如何评价时尚设计师团队的创新能力?④影响时尚设计师团队创新能力的重要因素有哪些?⑤团队的主管和成员对其他成员创新行为的态度如何?从资源供应上,团队是如何支持创新的?⑥在团队学习中,哪些知识比较重要,这些知识的主要获取途径与来源是什么?⑦外部社会资本的主要来源是什么?⑧团队的目标设定(合作目标和竞争目标)会对时尚设计团队创新产生怎样的影响?⑨设计的初始调查问卷是否反映真实问题,问卷中是否有难以理解或者容易导致歧义的题项。通过小规模访谈,听取访谈对象和设计学和管理学等领域专家和学者的意见,本书对测量题项进行了相应的调整,形成了初始的调查问卷。

4.3　变量测量

4.3.1　团队异质性的测量

对于团队异质性的测量,国外已经有了比较成熟的量表。Hambrick 认为,团队异质性的测量可以直接针对团队成员进行。Jehn、Northcraft 和 Neale 开发了团队价值观异质性的测量量表,该量表的 Cronbach's α 系数为 0.85,具有较好的信度[338]。Lewis 对团队异质性进行了测量,量表的 Cronbach's α 系数为 0.80[339]。本文以 Jehn 和 Lewis 的研究为基础,参考赵文红等对创业团队异质性的量表,并结合小规模访谈的内容,编制了时尚设计团队异质性的初始测量量表,具体如表 4-1 所示。量表包含社会分类异质性、信息异质性和价值观异质性三个维度,其中社会分类异质性是指测量团队成员在性别、年龄和加入团队时间方面的差异性;信息异质性是指测量团队成员的学历情况、专业技能、工作经验及时间等;价值观异质性是指测量团队成员对团队目标、任务的认知、态度、工作价值观、生活价值观、社会责任感等方面的差异性。在调研问卷中,使用李克特五点刻度测量变量,以数字 1、2、3、4、5 分别表示完全不同意、不同意、部分同意、同意以及完全同意,受访者根据自己的主观感受回答各项问题。

表 4-1　时尚设计团队异质性的初始测量量表

题项序号	维度划分	题项内容
A11	社会分类异质性	团队成员的男女所占比例相差较大
A12		团队成员在年龄上的分布范围很广
A13		团队每年都会吸收不同年龄层次的人加入
A21	信息异质性	团队成员在学历上差异很大
A22		团队成员具有多样化的专业知识
A23		团队成员具有多样化的职能部门经历
A24		团队成员具有多样化的工作年限
A31	价值观异质性	团队成员的生活价值观差异很大
A32		团队成员的工作价值观差异很大
A33		团队成员对团队中的重要事务缺乏共识
A34		团队成员对任务目标的认识缺乏共识
A35		团队成员对团队重视的事项缺乏共识

4.3.2　团队创新氛围的测量

Amabile 等认为,创新氛围的测量维度应该包含组织整体、组织管理特点和团队运营。团队是组织的重要形式,他们通过深入调研工作内外部环境对团队成员的影响,构建了 10 个维度来表示影响团队创新绩效的因素,并在此基础上编制了创新氛围评估量表(Assessing the Climate for Creativity, KEYS)[340]。创新氛围评估量表包含了激励、阻碍及整体标准三方面因素和 10 个维度,以及 78 个测量条款。该量表的 Cronbach's α 系数为 0.66~0.91,具有良好的信度。West 在此研究的基础上,提出了团队创新氛围的四因素模型,其主要包括愿景目标、参与的安全感、任务导向、创新支持[341]。之后,Anderson 和 West 在四因素模型的基础上,编制了团队创新氛围量表(Team Climate Inventory, TCI),具体包括 5 个维度和 15 个亚维度,精简的测量题项为 44 个。其中,愿景目标有 11 个题项,参与的安全感有 12 个题项,任务导向有 7 个题项,创新支持有 8 个题项,测试社会称许性有 6 个题项。此后,团队创新氛围量表的四维度结构得到了广泛应用。本书以 Anderson 和 West 的经典 TCI 量表为基础[342],参考 Kivimaki 等编制的精简版本 TCI 量表[343],设计了时尚设计团队创新氛围量表,具体如表 4-2 所示。

表 4-2　时尚设计团队创新氛围的初始测量量表

题项序号	题项内容
B01	团队成员认同团队目标
B02	我所在团队的工作目标对组织来说是有意义的
B03	团队成员有"我们是一个整体"的态度
B04	团队成员之间互相保持联系
B05	团队成员能够互相理解并彼此接纳
B06	团队成员之间的确在共享信息
B07	团队成员随时准备对团队工作进展提出疑问
B08	为获得最佳结果,团队成员会仔细考虑现有工作中的不足
B09	团队成员集思广益,以便获得最佳结果
B10	团队成员寻求看待问题的新视角
B11	团队成员花费时间去发展新创意
B12	团队在发展、应用新创意上通力合作

4.3.3　团队外部社会资本的测量

Westlund 认为,企业的内部社会资本为企业内管理者与员工的关系,企业外部社会资本为与企业生产相关、环境相关和市场相关的社会资本[344]。Nahapiet 和 Ghoshal 的社会资本三维度模型为后续研究建立了理论基础,大部分国内外学者都沿用了该模型的社会资本维度。在深入分析 Nahapiet 和 Ghoshal 的组织社会资本三维度模型后,柯江林等结合团队社会资本中的资源交换能力的定量化研究,开发了团队社会资本的测量量表[345]。该量表结合成员的参与机会、目标意愿、能力观点,从结构维度、关系维度和认知维度细分团队社会资本。其中,结构维度包括团队内外部交流的互动强度与社会关系网络的密度;关系维度包括团队成员间的信任与管理者的信任度;认知维度包括团队成员的共同语言与目标的愿景。量表的 Cronbach's α 系数大于 0.8,具有良好的信度[345]。彭灿等通过对不同团队的全面分析,提出了测量团队外部社会资本的量表,该量表主要包括了团队成员间的互动强度、团队及个人社会关系网络的密度、团队间的信任程度与团队所形成的共同语言。其中,社会外部结构资本由团队内外互动强度、团队外部网络密度来测量;团队关系社会由团队内外信任程度来测量;团队外部认知社会资本由团队内外共同语言来测量。测量量表由 14 个题项构成,量表的 Cronbach's α 系数为 0.897,具有良好的信度[346]。本书以 Nahapiet 和 Ghoshal 的社会资本三维度划分为基础,参考柯江林和彭灿的团队社会资本量表,编制了时尚设计团队外部社会资本的量表,具体如表 4-3 所示。

表 4-3　时尚设计团队外部社会资本的初始测量量表

题项序号	维度划分	题项内容
C11	结构资本	我与团队外部相关人员经常互相了解对方的情况
C12		我与团队外部相关人员有定期的正式往来
C13		我与团队外部相关人员经常进行多种形式的非正式交流
C14		我与本单位内部、自己所在团队之外的人员联系非常广泛
C15		我与团队外部高校、科研单位的相关人员联系非常广泛
C16		我与团队外部其他单位的相关人员联系非常广泛
C21	关系资本	我与团队外部相关人员相信彼此的工作能力,尊重彼此的知识
C22		团队外部相关人员会与我分享其工作经验和知识
C23		团队外部相关人员不会将我与他交流的知识随意泄露
C24		当工作遇到困难时,团队外部相关人员能给我提供帮助

题项序号	维度划分	题项内容
C31		我与团队外部相关人员对项目相关专业领域的符号、用语、词义都很清楚
C32	认知资本	我能很好地理解团队外部相关人员说的专业术语
C33		对于团队外部相关人员描述的项目问题,我都能很快理解
C34		对于项目所涉及的工具(如软件、工艺、流程等),我与团队外部相关人员都很熟悉

4.3.4　团队学习测量

对于以设计工作为核心的时尚设计团队来说,技术学习与社会文化学习至关重要,本书将从技术学习与社会文化学习两个方面来测度时尚设计团队学习行为。夏正江认为,科学技术知识的学习要求学习者具备一定的分析能力和理性把握能力,而实验是获得科学技术知识的重要手段[269]。崔雪松等将企业技术知识获取的来源分为内部与外部,其中内部技术知识学习的来源为内部研发和内部整合,外部技术知识学习的来源为外包研发、合资、收购、技术许可和购买设备[347]。Jensen 和 Johnson 将技术学习模式分为基于经验的技术学习和基于科学研究的技术学习[348]。叶伟巍在此基础上对技术学习行为进行了重点研究,将技术学习分为基于经验的技术学习行为、基于科学研究的技术学习行为和设计师的技术经纪行为[349]。

俞湘珍通过分析大量的设计创新团队,提出科学技术知识是团队创新的理论基础,它为设计创新过程提供了丰富的知识。在此基础上,他们系统地分析了该知识对设计创新起到的作用,并提出了技术学习行为量表。该量表主要包括团队人员的学历水平、设计创新所需实验设备的先进程度、与技术领先企业或组织的合作程度、技术情报系统的建设情况、外部技术供应网络的构建,结合这五个方面可以科学地测量技术学习行为[350]。本书的技术学习行为量表以俞湘珍的技术学习行为量表为基础,并参考叶伟巍和夏正江的研究成果,设计了技术学习行为量表题项,具体如表 4-4 所示。社会文化知识是设计团队灵感的知识来源,与人类的思维、世界观、生活习惯及民俗民风等息息相关[269];时尚设计人员要获得设计的灵感就需要不断地采风,有些设计人员还会到具体的活动中去体验不同文化，因为只有这样才可以真正领会文化，领会之后才可以更好地通过设计语言表达出来。叶伟巍认为，文化价值观将赋予设计师更多的设计创意，如果具备社会文化性，产品可以实现突破式创新。通过对社会文化知识学习过程的探讨，我们可以从对社会文化发展模式的研究和对社会文化未来发展趋势的预测两个维度，对社会文化学习行为进行测量。俞湘珍通过调研大量设计团队，系统地剖析了企业社会文化学习的过程。在接到具体的设计任务后，设计团队的成员需要对任务进行主题分析，并在头脑中勾勒设计元素或寻找灵感来源；然后结合自己的经历、所接触的事物以及与相关社会文化学者的交流互动，探寻有用的元素及信息；此后，设计师们将对这些社会文化知识进行分类及整合，从而指导具体的设计行为。本书的社会文化学习行为量表以俞湘珍的社会文化学习行为量表为基础，参考叶伟巍和夏正江的研究，编制了时尚设计团队社会文化学习行为量表，具体如表4-4所示。

表4-4 时尚设计团队学习的初始测量量表

题项序号	维度划分	题项内容
D11		团队拥有广阔的外部技术获取网络
D12		团队经常与技术领先组织开展合作研发
D13	技术学习	团队成员的教育水平比同行平均水平高
D14		团队建立了庞大的技术情报系统
D15		团队拥有先进的实验设备用于新产品开发
D21		团队成员有着丰富的生活经历和视野
D22	社会文化学习	团队中有成员负责社会文化研究（社会学家、消费行为学家、市场研究人员等）
D23		团队与外部设计师建立长久的关系
D24		团队主要采用面对面的沟通方式

4.3.5 目标依赖性的测量

Dean Tjosvold 及其研究团队开发了目标依赖性的量表。他们对合作性目标的测量题项强调了共同目标、共享奖励和共同任务，量表的 Cronbach's α 系数为 0.70，量表包括 5 个题项，如"团队成员追求的目标是互相支持的""团队成员希望大家共同取胜";竞争性目标的测量题项关注团体成员间目标和奖励的不相容性,量表的 Cronbach's α 系数为 0.89,量表包括 5 个题项,如"团队成员工作时以个人目标为重而不管其他成员的目标""团队成员喜欢相互显示自身的优越"[59]。本书参考 Dean Tjosvold 的目标依赖性量表,编制了时尚设计团队目标依赖性的初始测量量表,具体如表 4-5 所示。

表 4-5　时尚设计团队目标依赖性的初始测量量表

题项序号	维度划分	题项内容
E11	合作性目标	团队成员同舟共济
E12		团队成员希望大家共同取胜
E13		团队成员追求的目标是相互支持的
E14		当团队成员一起工作时,有共同的工作目标
E21	竞争性目标	团队成员工作时以个人目标为重而不管其他成员的目标
E22		团队成员有一种你胜我败的对立关系
E23		团队成员喜欢相互显示自身的优越
E24		团队成员的目标相互冲突
E25		团队成员优先考虑自己想做的事,而把其他成员的事放在后面

4.3.6　团队创新能力的测量

梳理国内外相关文献后,本书发现有关团队创新绩效的研究较为丰富。例如,Bates 和 Holton 将绩效看作是一个多重性的概念,测量内容不同,所反映的结果也不相同[351]。Cohen 和 Bailey 对团队创新绩效进行了界定,指出创新绩效是对团队里某些观点、方法和过程的创新性应用,是团队创新结果的表现[352]。West 和 Anderson 认为,团队创新绩效表现为创新数量和创新质量[5]。Campbell 将创新绩效看作是团队的潜在能力,这种能力将提高组织的创新绩效,这实质上是以一种动态的观点看待创新绩效[353]。Bernardin 认为,团队创新绩效体现在创新结果、创新行为和创新能力三个方面。其中,团队创新结果指的是在一定时间内团队创新产出的成果;团队创新能力是指团队成员在具体的任务完成过程时充分利用自己掌握的专业知识、社会文化知识、相关技能及过往的工作经验，面对问题时创造性地提出相应的解决方案，从而形成了新的产品、新的创意、新的方法及流程等；团队创新行为是指团队成员在以目标为导向后所进行的一系列解决问题的行为方式[354]。朱少英等（2008）将团队创新绩效理解为团队创新能力和创新行为的提高，并以团队创新能力和创新行为衡量团队创新绩效[355]。刘惠琴等建立了团队创新能力测量量表，量表包括 5 个测量题项，量表的 Cronbach's α 系数为 0.93，具有良好的信度[356]。综上所述，虽然相关研究重点分析了团队创新绩效问题，但是对团队创新能力的测量还没有形成权威的量表。团队创新能力是衡量团队创新绩效的重要维度，但团队创新绩效更关注团队创新产出，而团队创新能力更强调团队完成创新产出所需要的能力。本书以刘惠琴的团队创新能力量表为基础，参考 Anderson 和 West 的团队创新量表，编制了时尚设计团队创新能力量表，具体如表 4-6 所示。

表 4-6　时尚设计团队创新能力的初始测量量表

题项序号	题项内容
F11	团队成员的学习意愿和主动性强
F12	团队成员的创新意识强
F13	团队成员发现有实际价值问题的能力强
F14	团队成员的工作适应能力强
F15	团队成员寻求解决问题方法的能力强

4.4　小样本前测

初始调查问卷形成以后，需要通过小样本调查进行进一步的修改与完善。小样本调查的目的在于通过初步的样本数据分析，对调查问卷的错误和缺陷进行修正和完善，提高调查问卷的质量。本书将使用 SPSS 21.0 软件对样本数据进行描述性分析，并检验量表的信度和效度。

4.4.1　小样本数据描述

本书以上海、浙江、江苏三个省的时尚设计团队作为研究对象，以电子问卷和现场发放纸质问卷的方式，发放问卷 190 份，收回问卷 188 份，删除无效问卷

(问卷中有 10％的问题没有回答或者问卷答案具有明显的规律性,如所有题项均填写同一选项),最终获取有效问卷 168 份,涉及 32 个团队,有效问卷回收率为 88％。被调查样本的统计特征如表 4-7 所示。

表 4-7　小样本调查所得样本的基本特征

指标	类别	样本数	百分比
性别	男	86	51.19％
	女	82	48.81％
学历	高中(含)以下	0	0％
	专科	5	2.98％
	本科	136	80.95％
	硕士(含)以上	27	16.07％
团队规模	5 人(含)以下	36	21.43％
	6～10 人	101	60.12％
	11～20 人	25	14.88％
	20 人以上	6	3.57％
成员年龄	3 年(含)以下	49	29.17％
	3～5 年	96	57.14％
	5 年以上	23	13.69％
行业类别	时尚产品制造(包括服装配饰、珠宝首饰、家具家饰、时尚电子产品等)	41	24.40％
	时尚产品服务(服装设计、装饰装潢、建筑景观设计、动画动漫等)	127	75.60％

　　尽管本书研究团队层面的创新能力及其影响因素,但小样本前测中对量表题项的检验仍然所采用个体层面的数据。这种做法可以尽量扩大用于验证性因子分析的样本规模,也可以避免因团队层面数据在聚合中可能出现的问题,而把关注点聚焦于寻找调查问卷的缺陷和问题。调查问卷中各变量测量题项的均值、标准差、偏态和峰度等统计量如表 4-8 所示。当统计数据的偏度绝对值小于 3,峰度绝对值小 10 时,说明样本数据基本服从正态分布。从表 4-8 可以看出,样本数据完全符合以上要求,可被认为是服从正态分布,进而我们可以进行下一步的数据分析。

表 4-8　小样本调查数据的描述性统计量

项目	数量	极小值	极大值	均值	标准差	偏度		峰度	
						统计量	标准差	统计量	标准差
A11	168	1	7	2.84	.961	.933	.187	.991	.373
A12	168	1	7	2.79	.949	.905	.187	.813	.373
A13	168	1	7	2.73	.917	.911	.187	1.604	.373
A21	168	1	7	3.69	.788	.209	.187	−.982	.373
A22	168	1	7	3.76	.816	.111	.187	−1.130	.373
A23	168	1	7	3.69	.801	.056	.187	−1.208	.373
A24	168	1	7	3.98	.954	.082	.187	−1.249	.373
A31	168	1	7	2.86	1.035	.987	.187	2.169	.373
A32	168	1	7	2.92	0.995	.899	.187	1.076	.373
A33	168	1	7	2.92	1.015	.731	.187	.600	.373
A34	168	1	7	2.98	1.006	.855	.187	.505	.373
A35	168	1	7	2.74	1.031	.974	.187	1.217	.373
B01	168	1	7	3.65	.805	.540	.187	−.901	.373
B02	168	1	7	3.71	.838	.417	.187	−1.099	.373
B03	168	1	7	3.73	.823	.350	.187	−1.102	.373
B04	168	1	7	4.30	.740	.328	.187	−.954	.373
B05	168	1	7	4.18	.724	.301	.187	−.921	.373
B06	168	1	7	4.20	.731	.260	.187	−1.040	.373
B07	168	1	7	4.13	1.079	.042	.187	−.989	.373
B08	168	1	7	4.17	1.100	−.275	.187	−.728	.373
B09	168	1	7	4.12	1.062	−.002	.187	−.870	.373
B10	168	1	7	4.03	.845	−.089	.187	−.898	.373
B11	168	2	7	4.07	.993	.070	.187	−1.006	.373
B12	168	1	7	4.07	1.089	−.124	.187	−.803	.373
C11	168	1	7	3.72	.811	.296	.187	−1.080	.373
C12	168	1	7	3.65	.788	.367	.187	−.928	.373
C13	168	1	7	3.76	.852	.249	.187	−1.139	.373

（续表）

项目	数量	极小值	极大值	均值	标准差	偏度		峰度	
						统计量	标准差	统计量	标准差
C14	168	1	7	3.65	.874	.295	.187	−1.129	.373
C15	168	1	7	3.78	.780	.293	.187	−1.043	.373
C16	168	1	7	3.65	.838	.315	.187	−1.049	.373
C21	168	1	7	3.65	.969	.489	.187	−.410	.373
C22	168	1	7	3.79	.925	.419	.187	−.677	.373
C23	168	1	7	3.77	.997	.369	.187	−.201	.373
C24	168	1	7	3.87	.991	.491	.187	−.797	.373
C31	168	1	7	3.86	.796	−.040	.187	−1.001	.373
C32	168	1	7	3.83	.844	−.044	.187	−1.145	.373
C33	168	1	7	3.68	.779	−.023	.187	−1.122	.373
C34	168	1	7	3.87	.760	−.012	.187	−.938	.373
D11	168	1	7	3.71	.913	.119	.187	−.870	.373
D12	168	1	7	3.86	.808	.065	.187	−1.071	.373
D13	168	1	7	3.84	.775	.118	.187	−.858	.373
D14	168	1	7	3.89	.980	−.021	.187	−.929	.373
D15	168	1	7	3.90	.991	−.043	.187	−1.073	.373
D21	168	1	7	3.42	.959	.504	.187	−1.072	.373
D22	168	1	7	3.49	.994	.447	.187	−1.148	.373
D23	168	1	7	3.48	.970	.491	.187	−1.092	.373
D24	168	1	7	3.45	.857	.545	.187	−.857	.373
F01	168	1	7	3.88	.743	.240	.187	−.868	.373
F02	168	1	7	3.97	1.010	.223	.187	−.622	.373
F03	168	1	7	4.07	.948	.239	.187	−.846	.373
F04	168	1	7	3.92	.928	.271	.187	−.843	.373
F05	168	1	7	4.04	1.013	.328	.187	−.991	.373
E11	168	1	7	3.53	.898	.464	.187	−1.047	.373
E12	168	1	7	3.50	.864	.452	.187	−1.023	.373

项目	数量	极小值	极大值	均值	标准差	偏度		峰度	
						统计量	标准差	统计量	标准差
E13	168	1	7	3.61	.870	.547	.187	−.949	.373
E14	168	1	7	3.61	.883	.425	.187	−1.041	.373
E21	168	1	7	4.09	1.008	−.196	.187	−.900	.373
E22	168	1	7	3.99	.901	−.202	.187	−.921	.373
E23	168	1	7	4.08	.949	−.023	.187	−.695	.373
E24	168	1	7	4.11	.820	−.193	.187	−.814	.373
E25	168	1	7	4.13	.987	−.216	.187	−.954	.373
N	168								

4.4.2 小样本数据检验

4.4.2.1 小样本数据的信度检验

测量量表的信度是指一组可测量变量共同说明某一潜变量行为的可靠程度，一般以内部一致性作为测量量表信度的检验指标。内部一致性较高的测量条款，可被视为具有相同性质的组合，能够独立测量相同概念。本书以Cronbach's α系数衡量量表内部一致性，大于等于0.7的Cronbach's α值，是一个较为合适的标准阈值；而对于大多数探索性量表而一言，Cronbach's α系数在0.6左右就可被接受。同时，本书通过计算总相关系数（Corrected Item-Total Correlation，CITC），删除和净化量表题项，以减少量表题项中的多因子荷载现象。通常情况下，CITC值小于0.3的测量题项应该删除。如果删除测量题项后，量表整体的Cronbach's α值提高，则说明应该将该测量题项删除[357]。

1）团队异质性量表的信度检验结果

团队异质性量表的CITC和内部一致性信度检验结果如表4-9所示。从表4-9可以看出，社会分类异质性与信息异质性测量题项的初始CITC值都大于0.3，不存在删除后可以使Cronbach's α值提高的题项，且社会分类异质性与信息异质性量表的Cronbach's α值分别为0.775和0.907，都满足大于0.7的标准，因此都予以保留。价值观异质性量表中A33题项的CITC值为0.298，小于0.3。

删除该题项以后，其余各题项最终 CITC 值均大于 0.3，且量表的 Cronbach's α 系数由 0.706 提高到 0.783，因此将 A33 题项删除。

表 4-9　团队异质性量表的信度检验结果

变量	测量题项	初始 CITC	最终 CITC	题项删除后的 Cronbach's α 值	Cronbach's α 值
社会分类异质性	A11	0.480	—	.692	.775
	A12	0.452	—	.626	
	A13	0.534	—	.618	
信息异质性	A21	0.799	—	.876	.907
	A22	0.787	—	.880	
	A23	0.782	—	.882	
	A24	0.791	—	.879	
价值观异质性	A31	0.564	0.589	.734	初始 α=0.706 最终 α=0.783
	A32	0.537	0.560	.742	
	A33	0.298	删除	—	
	A34	0.573	0.606	.726	
	A35	0.572	0.543	.748	

注："—"表示无相应值。

2）团队创新氛围量表的信度检验结果

团队创新氛围量表的 CITC 和内部一致性信度检验结果如表 4-10 所示。从表 4-10 可以看出，团队创新氛围量表中 B08 题项的 CITC 值为 0.139，小于 0.3。删除该题项以后，其余各题项最终 CITC 值均大于 0.3，且量表的 Cronbach's α 值由 0.878 提高到 0.932，因此将 B08 题项删除。

表 4-10　团队创新氛围量表的信度检验结果

变量	测量题项	初始 CITC	最终 CITC	题项删除后的 Cronbach's α 值	Cronbach's α 值
团队创新氛围	B01	0.816	0.815	.921	初始 α=0.878 最终 α=0.932
	B02	0.738	0.741	.925	
	B03	0.778	0.777	.923	

(续表)

变量	测量题项	初始 CITC	最终 CITC	题项删除后的 Cronbach's α 值	Cronbach's α 值
团队创新氛围	B04	0.811	0.802	.922	初始 α＝0.878 最终 α＝0.932
	B05	0.785	0.787	.923	
	B06	0.777	0.769	.923	
	B07	0.652	0.652	.928	
	B08	0.139	—	—	
	B09	0.686	0.685	.927	
	B10	0.568	0.582	.930	
	B11	0.572	0.576	.930	
	B12	0.576	0.592	.930	

注:"—"表示无相应值。

3）团队外部社会资本量表的信度检验结果

团队创新氛围量表的 CITC 和内部一致性信度检验结果如表 4-11 所示。从表 4-11 可以看出,结构资本与认知资本量表测量题项的初始 CITC 值都大于 0.3,不存在删除后可以使 Cronbach's α 值提高的题项,且结构资本与认知资本量表的 Cronbach's α 值分别为 0.922 和 0.885,都满足大于 0.7 的标准,因此都予以保留。关系资本量表中 C24 题项的 CITC 值为 0.085,小于 0.3。删除该题项以后,其余各题项最终 CITC 值均大于 0.3,且量表的 Cronbach's α 值由 0.779 提高到 0.829,因此将 C24 题项删除。

表 4-11　团队外部社会资本量表的信度检验结果

变量	测量题项	初始 CITC	最终 CITC	题项删除后的 Cronbach's α 值	Cronbach's α 值
结构资本	C11	0.765	—	.909	.922
	C12	0.794	—	.905	
	C13	0.761	—	.909	
	C14	0.748	—	.911	
	C15	0.767	—	.908	
	C16	0.817	—	.902	

（续表）

变量	测量题项	初始 CITC	最终 CITC	题项删除后的 Cronbach's α 值	Cronbach's α 值
关系资本	C21	0.685	0.676	.775	初始 α＝0.779 最终 α＝0.829
	C22	0.602	0.696	.766	
	C23	0.652	0.633	.795	
	C24	0.085	—	—	
认知资本	C31	0.739	—	.857	.885
	C32	0.766	—	.846	
	C33	0.787	—	.838	
	C34	0.707	—	.868	

注："—"表示无相应值。

4）团队学习量表的信度检验结果

团队学习量表的 CITC 和内部一致性信度检验结果如表 4-12 所示。从表 4-12 中可以看出，团队社会文化学习量表测量题项的初始 CITC 值都大于 0.3，不存在删除后 Cronbach's α 值提高的题项，且团队社会文化学习量表的 Cronbach's α 值为 0.931，满足大于 0.7 的标准，因此题项都予以保留。团队技术学习量表中 D14 题项的 CITC 值为 0.111，小于 0.3。删除该题项以后，其余各题项最终 CITC 值均大于 0.3，且量表的 Cronbach's α 值由 0.868 提高到 0.914，因此将 D14 题项予以删除。

表 4-12 团队学习量表的信度检验结果

变量	测量题项	初始 CITC	最终 CITC	题项删除后的 Cronbach's α 值	Cronbach's α 值
技术学习	D11	0.763	0.788	.894	初始 α＝0.868 最终 α＝0.914
	D12	0.774	0.776	.896	
	D13	0.774	0.803	.890	
	D14	0.111	删除	—	
	D15	0.763	0.726	.906	

（续表）

变量	测量题项	初始 CITC	最终 CITC	题项删除后的 Cronbach's α 值	Cronbach's α 值
社会文化学习	D21	0.839	—	.910	初始 α=0.931
	D22	0.840	—	.910	
	D23	0.858	—	.904	
	D24	0.818	—	.917	

注："—"表示无相应值。

5）团队创新能力量表的信度检验结果

团队创新能力量表的 CITC 和内部一致性信度检验结果如表 4-13 所示。从表 4-13 可以看出，团队创新能力量表测量题项的初始 CITC 值都大于 0.3，不存在删除后 Cronbach's α 值提高的题项，且团队创新能力量表的 Cronbach's α 值为 0.889，满足大于 0.7 的标准，因此题项都予以保留。

表 4-13　团队创新能力量表的信度检验结果

变量	测量题项	初始 CITC	最终 CITC	题项删除后的 Cronbach's α 值	Cronbach's α 值
团队创新能力	F01	0.736	—	.863	.889
	F02	0.734	—	.864	
	F03	0.718	—	.867	
	F04	0.702	—	.871	
	F05	0.758	—	.858	

注："—"表示无相应值。

6）团队目标依赖性量表的信度检验结果

团队目标依赖性量表的 CITC 和内部一致性信度检验结果如表 4-14 所示。从表 4-14 可以看出，团队合作性目标量表测量题项的初始 CITC 值都大于 0.3，不存在删除后 Cronbach's α 值提高的题项，且团队合作性目标量表的 Cronbach's α 值为 0.907，满足大于 0.7 的标准，因此题项都保留。团队竞争性目标量表中 E22 题项的 CITC 值为 0.210，小于 0.3。删除该题项以后，其余各题项最终 CITC 值均大于 0.3，且量表的 Cronbach's α 值由 0.810 提高到 0.931，因此将 E22 题项删除。

表 4-14　团队目标依赖性量表的信度检验结果

变量	测量题项	初始 CITC	最终 CITC	题项删除后的 Cronbach's α 值	Cronbach's α 值
合作性目标	E11	0.777	—	.885	.907
	E12	0.789	—	.880	
	E13	0.775	—	.885	
	E14	0.819	—	.869	
竞争性目标	E21	0.754	0.728	.861	初始 α＝0.810 最终 α＝0.931
	E22	0.210	删除	—	
	E23	0.710	0.728	.861	
	E24	0.736	0.769	.851	
	E25	0.692	0.711	.865	

注:"—"表示无相应值。

4.4.2.2　小样本数据的效度检验

测量量表的效度是指所构建量表中所有测量题项式规范的、客观的、正确的程度。这些题项可以反映要研究的问题,并且代表所涵盖的内容,测量的效果可反映出被测量概念特征的程度,具体可以分为内容效度和结构效度[358]。其中,内容效度的检验可采用专家访谈法及文献资料法,以提高测量量表的准确性和可代表性。结构效果则是指测量题项与测量维度之间的对应关系,通常从收敛效度和区分效度两个方面评估。收敛效度是指同一概念不同条款之间的一致性程度,区分效度则是指不同变量测量之间的差异化程度。对效度进行验证的方法主要为探索性因子分析和验证性因子分析法,可以选择其中一种进行分析,探索性因子分析是使用较为广泛的方法。由于本书的量表都是在现有成熟量表的基础上修改得到的,因此采用探索性因子分析法进行效度检验[358]。首先,进行KMO 样本测度和 Bartlett 球体检验,当 KMO 值大于 0.7,且 Bartlett 球体检验的显著性概率小于、等于显著性水平时,适合做因子分析。其次,采用主成分分析法,对测量题项进行因子提取,并根据方差最大法进行因子旋转,特征值接近1 是因子提取标准。最后,在因子分析过程中,删除以下测量题项:一个题项自成一个因子时,可删除,因为此时并无内部一致性可言;测量题项的因子荷载小于 0.5 时,可删除;一个测量条款在所有因子上的荷载都小于 0.5,或在多个因子上的荷载都大于 0.5 时,可删除;在完成筛选之后,若剩余条款的因子荷载都在 0.5 以上,且累计解释方差超过 50%,表明测量量表满足科学研究的要求[358]。

1) 内容效度检验结果

本书所采用的测量题项是在相关研究文献、常用测量工具以及小规模访谈的基础上形成的,之后又根据实际研究问题进行了修正与完善。本书在检验时先核实了所参考文献的真实性及权威性,然后采用小规模访谈法,所邀请的相关领域专家学者提出了宝贵的建议,最后确定了测量题项的完整性、准确性及科学性。

2) 结构效度检验结果

本书采用验证性因子分析法对测量题项的结构效度进行检验。有学者认为,因子分析的条件是样本数量须是 100 以上或者样本数量与变量数的比值大于 10[358]。而陈正昌等认为,当样本数量大于 400 或者样本数量与测量题项的比值为 3~5 时,因子相关矩阵才能稳定,进而可以进行因子分析[359]。在小样本分析阶段,有效样本数据共 168 个,待分析的变量有 12 个,刚刚达到的 Cattel 要求[358]。净化后剩余的测量题项仍有 56 个,样本规模为测量项的 3 倍,可以确保因子相关矩阵的稳定性,因此可以就整体测量量表进行效度检验。

为得到时尚设计团队创新能力量表的潜在结构,本书对小样本数据进行探索性因子分析。在进行因素分析前,首先检验因子分析的适合度,将小样本数据输入 SPSS 21.0 软件,进行 KMO 统计量和 Bartlett 的球型检验,得到的 KMO 值 0.950,Bartlett 的球型检验的 P 值为 0.000(小于 1),达到显著性水平,拒绝零假设而接受备择假设,说明适宜进行探索性因子分析。本书对量表进行主成分分析,采用方差最大正交旋转的方法,根据特征值均大于 1 的标准,提取 12 个公共因子,累积的方差贡献率为 76.497%。

由于公共因子在原始变量上的载荷值不好解释,本书采用方差最大化正交旋转的方法,得到旋转后的因子载荷矩阵,如表 4-16 所示。从转轴后题项的因素负荷量情况来看,题项 A22 在因子 1 和因子 2 上都有较高的交叉负荷,分别为 0.508 和 0.622。题项在因子的因素负荷量越大,表明题项和整体量表的同质性越高。一般情况下,题项的因素在两个公因子的负荷量均高于 0.5 就可考虑删除,因此将题项 A22 删除。题项 B10 在因子 3 的负荷为 0.696,B11 在因子 4 的负荷为 0.693,属于单一题项自成一个因子,此时并无内部一致性可言,可根据前述筛选原则删除。题项 C31 在所有因子的负荷量均低于 0.5,说明题项不足以解释量表的内涵,予以删除。KMO 和 Bartlett 球型检验如表 4-15 所示,量表效度检验结果如表 4-16 至表 4-21 所示。

表 4-15　KMO 和 Bartlett 球型检验

KMO 检验		0.950
Bartlett 球型检验	近似卡方值	10 232.631
	自由度	1 540
	显著值	0.000

表 4-16　量表效度检验结果

测量题项	A11	A12	A13	A21	A22	A23	A24	A31	A32	A34	A35
因子 1	−.039	−.095	−.097	.394	.508	.372	.386	.042	−.025	.075	−.041
因子 2	−.189	−.009	−.115	.668	.622	.675	.627	−.093	.163	−.127	−.021
因子 3	−.074	−.051	−.053	.307	.384	.175	.219	.068	.030	−.097	.346
因子 4	−.084	.007	−.080	.205	.149	.347	.265	−.042	.063	.035	.087
因子 5	.377	.266	.199	−.089	.037	.004	.212	−.618	−.716	−.843	−.617
因子 6	−.059	−.095	−.005	.201	.232	.023	.158	.008	.069	−.061	.137
因子 7	.023	−.089	−.033	.367	.050	.110	.075	.014	−.004	.015	.014
因子 8	−.092	−.790	−.210	.108	.089	.188	.137	−.146	−.227	−.108	.254
因子 9	.011	−.050	−.006	−.102	.192	−.183	.129	−.014	.026	.053	−.227
因子 10	−.504	−.572	−.853	.069	−.057	−.051	.012	.106	−.160	.210	.206
因子 11	.134	.113	.077	.062	.043	.057	.165	.461	.066	.060	.297
因子 12	.412	.090	.161	−.040	.061	−.066	.129	.109	.352	−.093	.175

表 4-17　量表效度检验结果(一)

测量题项	B01	B02	B03	B04	B05	B06	B07	B09	B10	B11	B12
因子 1	.675	.686	.711	.749	.711	.730	.684	.602	.316	.319	.527
因子 2	.388	.471	.289	.383	.291	.280	.072	.208	.148	.172	.130

(续表)

测量题项	B01	B02	B03	B04	B05	B06	B07	B09	B10	B11	B12
因子3	.109	.166	.074	−.005	.112	.116	.014	.319	.696	.311	.247
因子4	.076	−.082	.314	.287	.208	.200	.626	.287	.189	.693	.213
因子5	−.011	.041	−.184	.003	−.074	.030	.159	.163	.022	.058	.031
因子6	.107	.262	.176	.017	−.015	−.163	.023	−.021	.102	.123	.064
因子7	.162	.178	.028	.055	.052	.149	.237	.029	.203	.093	.080
因子8	.286	.025	.075	.037	.285	.225	.044	.250	.049	−.047	.078
因子9	.134	.001	.107	.127	.165	.058	.166	.373	.147	.035	.070
因子10	.047	.025	.062	−.027	.130	−.039	.015	.140	−.080	−.164	−.055
因子11	.174	−.018	.267	−.067	.112	−.075	.068	.005	.069	−.120	.010
因子12	−.054	−.134	.101	−.001	−.151	−.061	−.051	.191	−.101	−.072	.029

表4-18 量表效度检验结果(二)

测量题项	C11	C12	C13	C14	C15	C16	C21	C22	C23	C31	C32
因子1	.043	.146	.302	.311	.187	.170	.380	.485	.372	.475	.272
因子2	.105	.093	.236	.236	.110	.107	.140	.261	.035	.276	.262
因子3	.814	.738	.678	.697	.813	.839	.023	.076	.138	.170	.262
因子4	.047	.104	.110	−.005	.137	.160	.186	.080	.047	.401	.687
因子5	−.013	−.068	−.112	.132	−.081	−.020	−.163	.092	−.028	.077	−.028
因子6	.016	.053	−.015	.154	.167	.050	.685	.446	.758	.175	.008
因子7	.244	.188	.048	.076	−.171	−.007	.202	.010	.023	.297	.138
因子8	.137	.147	.127	.161	−.074	.063	.046	.199	−.024	.068	−.157
因子9	−.114	.348	.328	.055	−.088	.036	.208	.033	−.059	.112	−.177
因子10	−.195	−.160	−.041	−.084	−.186	−.019	−.150	.067	−.096	.044	.032
因子11	.055	−.032	−.172	.097	.096	−.164	.050	.034	−.141	−.081	−.003
因子12	.087	−.092	.142	−.314	.016	.004	.003	.004	−.174	.065	−.068

表 4-19 量表效度检验结果（三）

测量题项	C33	C34	D11	D12	D13	D15	D21	D22	D23	D24
因子 1	.034	.108	.306	.218	.414	.256	.024	−.017	−.076	.071
因子 2	.176	.222	.130	.395	.285	.336	.075	.173	.167	.124
因子 3	.135	.278	.138	.374	.308	.010	−.033	.182	.243	.303
因子 4	.662	.689	.262	.026	.193	.166	.161	.179	.003	.057
因子 5	−.013	.104	−.038	−.015	−.080	.161	−.013	−.075	.001	.042
因子 6	.062	.124	.183	.126	.178	.283	.055	.269	.093	.245
因子 7	.282	.042	.715	.615	.583	.655	.113	−.046	.154	.166
因子 8	.129	.007	.072	−.055	.073	−.073	−.040	.039	−.145	.029
因子 9	−.054	.015	−.026	−.023	−.005	−.120	.028	.255	.242	.055
因子 10	−.082	−.027	−.069	−.093	.007	.114	−.042	−.002	−.094	−.129
因子 11	.033	.029	.194	.223	.075	−.051	.033	.084	.054	−.057
因子 12	−.080	.089	−.028	.100	.147	.121	.920	.773	.802	.764

表 4-20 量表效度检验结果（四）

测量题项	F01	F02	F03	F04	F05	E11	E12	E13	E14
因子 1	.340	.197	.137	.246	.185	.039	−.128	.137	−.158
因子 2	.232	.276	.375	.357	.323	.192	.392	.317	.214
因子 3	.125	.005	.190	.251	−.004	.167	.165	.170	.069
因子 4	.220	.082	.226	−.025	.008	.224	.137	.037	.093
因子 5	−.113	.002	.052	−.091	.123	−.018	.079	−.054	.140
因子 6	.237	.212	.009	.140	.140	.271	.258	.477	.199
因子 7	.302	.180	.023	.126	.275	.034	.213	.266	.215
因子 8	.089	−.153	−.052	.190	.031	.096	.074	−.073	.107
因子 9	.574	.692	.587	.596	.674	.238	.072	.141	.014
因子 10	.134	.100	−.039	−.124	−.228	.027	−.098	.040	.010
因子 11	−.016	.075	−.088	−.001	−.035	.719	.653	.612	.783
因子 12	−.182	−.013	−.103	.131	.000	−.050	.062	−.103	.009

表 4-21　量表效度检验结果(五)

测量题项	E21	E23	E24	E25	特征值	方差解释量	累积可解释方差
因子 1	−.326	−.026	−.084	−.140	20.301	26.928%	26.928%
因子 2	−.271	−.211	−.194	−.029	3.550	8.818%	35.746%
因子 3	−.206	−.258	−.211	−.266	1.719	5.324%	41.070%
因子 4	−.236	−.147	−.337	−.285	1.463	4.999%	46.069%
因子 5	−.189	−.180	−.013	−.002	1.237	4.474%	50.543%
因子 6	−.358	−.007	−.182	−.532	1.207	4.696%	55.238%
因子 7	.052	−.048	−.143	−.204	1.169	4.530%	59.768%
因子 8	−.326	−.570	−.712	−.579	1.143	3.955%	63.724%
因子 9	−.128	−.104	−.470	−.037	1.356	3.709%	67.433%
因子 10	.061	.174	.066	.252	1.289	3.700%	71.132%
因子 11	.168	.067	.046	.000	1.153	3.194%	74.326%
因子 12	−.016	.081	−.008	.112	1.099	2.171%	76.497%

对剩余 52 个题项重新进行因子分析,统计结果表明,时尚设计团队创新能力量表的结构呈现清晰的 12 因子结构,KMO 值为 0.951,Bartlett 的球型检验的卡方值为 9 388.544、自由度为 1 326、伴随概率值 Sig＝0.000(小于 1),达到显著性水平,适合做因子分析,总方差解释率为 80.497%,旋转后的因素负荷值在对应因子上均大于 0.6。其中,题项 A11、A12、A13 在因子 10 上有较大载荷,说明因子 10 表示团队社会分类异质性;题项 A21、A22、A23、A24 在因子 2 上有较大载荷,说明因子 2 表示团队信息异质性;题项 A31、A32、A33、A34、A35 在因子 5 上有较大载荷,说明因子 5 表示团队价值观异质性;题项 B01、B02、B03、A04、B05、B06、B07、B09、B12 在因子 1 上有较大载荷,说明因子 1 表示团队创新氛围;题项 C11、C12、C13、C14、C15、C16 在因子 3 上有较大载荷,说明因子 3 表示团队外部结构资本;题项 C21、C22、C23 在因子 6 上有较大载荷,说明因子 6 表示团队外部关系资本;题项 C32、C33、C34 在因子 4 上有较大载荷,说明因子 4 表示团队外部认知资本;题项 D11、D12、D13、D15 在因子 7 上有较大载荷,说明因子 7 表示团队技术学习;题项 D21、D22、D23、D24 在因子 12 上有较大载荷,说明因子 12 表示团队社会文化学习;题项 F01、F02、F03、F04、F05 在因

子9上有较大载荷,说明因子9表示团队创新能力;题项 E11、E12、E13、E14 在因子 11 上有较大载荷,说明因子 11 表示团队合作性目标;题项 E21、E23、D24、D25 在因子 8 上有较大载荷,说明因子 8 表示团队竞争性目标。综合来看,因子分析的结果与之前理论假设基本一致。

4.4.3　初始测量量表的修正

本书在检验小样本前测数据的信度与效度后,发现量表内容的整体设计较为合理,但是个别测量题项效果不理想。根据检验结果并结合小样本调查过程中获得的信息反馈,本书对初始量表进行了如下修正。

1) 提高测量题项表达的精确性

通过小样本调查中得到的反馈,本书将部分测量题项的表达进行修改。例如,将"团队成员具有多样化的工作年限"改为"团队成员在本团队任职的年限差异较大";将"我们团队在发展、应用新创意上通力合作"改为"团队在发展或者应用新创意上通力合作";将"我与本单位内部、自己所在团队之外的人员联系非常广泛"改为"我与本单位内部、自己所在团队之外的人员联系非常密切";将"我与团队外部高校、科研单位的相关人员联系非常广泛"改为"我与团队外部高校、科研单位的相关人员联系非常密切";将"我与团队外部其他单位的相关人员联系非常广泛"改为"我与团队外部其他单位的相关人员联系非常密切"。

2) 删除部分不满足信度与效度检验条件的题项

通过检验量表的信度与效度,本书根据前述筛选原则,对部分不满足条件的测量题项予以删除。在信度检验中,本书对 CITC 值小于 0.3 的测量题项 A33、B08、C24、D14、E22 予以删除;在效度检验、探索性因子分析中,本书将交叉负荷在两个因子上较高的题项 A22 予以删除;本书将在单一题项自成一个因子的B10 和 B11 予以删除;本书将在所有因子上负荷量都较低的题项 C31 予以删除。

3) 优化量表顺序

优化量表排序,提升问卷的界面友好性。本书将所有测量题项按照测量主题进行统一归类,并对题项顺序做了调整,以避免不同问题之间可能存在的交叉影响。本书也在问卷的导语部分,增加了整个调研过程可能花费多少时间的提示,目的是让被调查者有心理准备,从而提升答卷质量。初始量表优化以后,本书将测量题项的序号重新排序。

4.5　小结

本章的主要内容是测量量表的设计与小样本前测。首先,说明调查问卷设计的原则和过程,对小规模访谈的目的、过程和内容进行阐述;其次,通过相关文献研究,参考现有成熟量表,结合小规模访谈结果,对各个研究变量进行测量;再次,进行小样本前测,对小样本数据进行描述分析,检验量表的信度与效度,并对检验结果进行分析;最后,对初始量表进行修订和调整,形成大样本调查所需的量表。

第5章　时尚设计团队创新能力影响
因素模型实证分析

笔者在小样本前测的基础上，开始进行正式的调研。本章将对正式调研的过程进行描述，并对正式调研所获得的大样本数据进行描述性分析；从信度和效度两个方面对数据进行检验，从而进一步确认量表的质量；最后，对本书提出的时尚设计团队创新能力影响因素模型的理论假设进行检验，对检验结果进行分析。

5.1　数据收集与描述

5.1.1　数据收集

笔者于 2018 年 3 月中旬至 2018 年 5 月初调研了分布在上海、无锡、杭州、北京、深圳、广州、福州的时尚设计团队。通过电子问卷以及现场发放纸质问卷的方式，发放问卷 630 份，收回问卷 595 份，删除无效问卷（问卷中有 10% 的问题没有回答或者问卷答案具有明显的规律性，如所有题项均填写同一选项），最终获取回效问卷 562 份，涉及 79 个团队，有效问卷回收率为 89%。被调查样本的统计信息如表 5-1 所示。

从受访者的性别结构来看，男性受访者与女性受访者所占比例分别为54.98% 和 45.02%，性别比例基本处于均衡状态。从受访者的年龄分布来看，48.04% 的受访者年龄为 26～35 岁，34.34% 的受访者年龄小于 25 岁，只有 17.62%的受访者大于 35 岁，这与时尚产业从业人员普遍比较年轻的现实情况相符。从受访者的学历分布来看，受访者的教育背景普遍为本科以上，其中 74.02% 的受访者为大学学历，19.40% 为硕士及以上学历。从团队成员工作年限来看，80% 以上的团队成员工作年限为 1～5 年。从团队规模来看，时尚设计团队的组织以中小规模为主,团队成员数量一般为 5～10 人,占比 66.55％,较少一部分团队在 20 人以上。从团队年龄分布来看,时尚设计团队多数成立时间为 3～5 年,占比 56.23％。从行业类别的划分来看,多数设计团队属于时尚设计团队,占比 62.81％。

表 5-1　大样本调查所得样本的基本信息

指标	类别	样本数	百分比
性别	男	309	54.98％
	女	253	45.02％
年龄	25 岁以下	193	34.34％
	26～35 岁	270	48.04％
	35～40 岁	54	9.61％
	40 岁以上	45	8.01％
学历	高中(含)以下	1	0.17％
	专科	36	6.41％
	本科	416	74.02％
	硕士(含)以上	109	19.40％
工作年限	1 年以下	60	10.68％
	1～2 年	231	41.10％
	2～5 年	220	39.15％
	5 年以上	51	9.07％
团队规模	5 人及以下	178	31.67％
	6～10 人	196	34.88％
	11～20 人	137	24.38％
	20 人以上	51	9.07％
团队年龄	3 年及以下	158	28.11％
	3～5 年	316	56.23％
	5 年以上	88	15.66％
行业类别	时尚产品制造(包括服装配饰、珠宝首饰、家具家饰、时尚电子产品等)	209	37.19％
	时尚产品服务(服装设计、装饰装潢、建筑景观设计、动画动漫等)	353	62.81％

5.1.2　团队层面数据聚合

采用多层次研究方法的关键在于明确结构所在的层面、测量的层面、数据来源的层面以及分析的层面。在多层次数据分析中,数据来源如果在不同的层面,那么在进行数据处理时应该保证数据结构和测量层面保持一致。本书的数据是从所调研的时尚设计团队中的成员中获取的,这些数据属于个体层面的数据。为了更好地应用该类数据,本书还需要将这些数据进行聚合处理,从而得到团队层面的测量值,这样就保证了数据的完整性及有效性。采取这种做法的前提是团队成员对团队的评价有很高的相似性,即团队成员个体评价具有一致性。国内外学者普遍通过组内一致性验证团队层面结构的存在,以及个体层面数据聚合为团队层面数据的有效性。

组内一致性评价指标通常包括 r_{wg}、ICC(1)(Intraclass Correlation Coefficient)、ICC(2)和 WABAI(Within and Between Analysis Index),其中应用最为广泛的是 r_{wg}。与 ICC(1)、ICC(2)以及 WABAI 不同,r_{wg} 评价的是组内变异,可以直接对组内一致性进行检验,但有学者认为组间方差也是评价层次机构有效性的重要条件[359]。根据 Hofmann 的建议和所获得数据及参考的主要理论,我们可以扩大指标的选择范围并对其进行综合评估,从而提高论据的说服力[359]。由于 ICC(2)和 WABAI 两个指标均受到样本大小的影响,因此本书以 r_{wg} 和 ICC(1)作为数据聚合处理的参考标准。

1)计算 r_{wg}

对于单一测量题项的变量,r_{wg} 的计算公式如公式(5-1)所示,对于多个测量题项的变量,r_{wg} 的计算公式如公式(5-2)和(5-3)所示。

$$r_{wg(1)} = 1 - (\overline{S_{xj}^2}/\sigma_{eu}^2) \tag{5-1}$$

$$r_{wg(j)} = \frac{J\left[1 - (\overline{S_{xj}^2}/\sigma_{eu}^2)\right]}{J\left[1 - (\overline{S_{xj}^2}/\sigma_{eu}^2)\right] + (\overline{S_{xj}^2}/\sigma_{eu}^2)} \tag{5-2}$$

$$\sigma_{eu}^2 = (A^2 - 1)/12 \tag{5-3}$$

其中,J 表示测量题项的数量,$\overline{S_{xj}^2}$ 代表所有团队方差的均值,σ_{eu}^2 表示假设分布的期望方差,A 表示测量等级数量(如本文采用七级测量尺度,则 A 为 7)。由于本书每个变量的测量题项均大于 2,因此运用公式(5-2)和(5-3)计算 r_{wg}。

一般来说,r_{wg}值在0.7以上,说明团队成员的认知或态度趋同,可以对r_{wg}值进行聚合、加总以得到团队层面的测量值。本书运用SPSS 21.0软件进行计算,具体如表5-2所示。79个团队在各个变量上的r_{wg}值均超过0.78,说明团队成员彼此之间的看法趋同,这也从统计学角度证实了各概念结构集体层次特性的存在。

表5-2　研究变量的r_{wg}的平均值

变量	团队异质性			团队创新氛围	团队外部社会资本			团队学习		团队创新能力	目标依赖性	
	社会分类异质性	信息异质性	价值观异质性		结构资本	关系资本	认知资本	技术学习	社会文化学习		合作性目标	竞争性目标
$\overline{r}_{wg}$	0.83	0.94	0.81	0.88	0.92	0.89	0.90	0.78	0.85	0.93	0.91	0.89

2) 计算$ICC(1)$

$ICC(1)$的计算公式如公式(5-4)所示:

$$ICC(1) = (MSB - MSW)/[MSB + (K-1) * MSW] \qquad (5-4)$$

其中,MSB和MSW分别表示组间均方差和组内均方差,K表示组内的样本数(如果各组样本大小均不同,则指代各组的平均样本数)。当$ICC(1)$值接近1时,说明组内均方差远小于组间均方差,组内一致性较好;但是如果$ICC(1)$值接近0,则说明组内均方差与组间均方差十分接近,无法证明团队存在共性,通常认为$ICC(1)$值的经验判定值为0.7。本书运用$SPSS$ 21.0软件计算ICC (1)值,所得结果表明所有79个团队的$ICC(1)$值均大于0.7,其中66个团队的$ICC(1)$值均大于0.8,占团队总量的84%。说明同一团队的成员对团队给出的评价基本一致,也再一次证实了集体层面共享结构的存在。

5.1.3　样本数据的描述性统计

大样本调查中,各变量测量题项的均值、标准差、偏态和峰度等个体与团队层面描述性统计量如表5-3和表5-4所示。个体层面中各变量的均值多集中在2.5~4.4,标准差基本集中在0.85~1,说明样本数据变异是比较小的。另外,数据的偏度绝对值小于3,且峰度绝对值小10,说明个体层面中样本数据是服从正态分布的。在完成团队层面的数据聚合之后,团队层面中各变量的均值基本集中在 2.8～4.5,标准差基本集中在 0.85～1。数据的偏度绝对值小于 3,且峰度绝对值小 10,说明团队层面中样本数据基本服从正态分布。综合来看,大样本调查数据基本服从正态分布,可以对其进行下一步的数据分析。

表 5-3　大样本调查数据的描述性统计量(个体层面)

测量题项	统计量	极小值	极大值	均值	标准差	偏度		峰度	
						统计量	标准差	统计量	标准差
A11	562	1.00	7.00	2.7509	.893	1.051	.103	1.003	.206
A12	562	1.00	7.00	2.6246	.882	.998	.103	1.241	.206
A13	562	1.00	7.00	2.6833	.917	1.073	.103	1.379	.206
A21	562	1.00	7.00	3.7651	.999	.152	.103	−1.111	.206
A22	562	1.00	7.00	3.7669	1.060	.166	.103	−1.141	.206
A23	562	1.00	7.00	3.7527	1.076	.147	.103	−1.164	.206
A31	562	1.00	7.00	2.8470	.861	.897	.103	.974	.206
A32	562	1.00	7.00	2.8238	.869	.870	.103	1.093	.206
A33	562	1.00	7.00	2.9093	.814	.873	.103	1.160	.206
A34	562	1.00	7.00	2.7847	.821	.839	.103	.921	.206
B01	562	1.00	7.00	3.6281	.977	.471	.103	−.958	.206
B02	562	1.00	7.00	3.6317	.997	.432	.103	−.975	.206
B03	562	1.00	7.00	3.5587	.976	.470	.103	−.957	.206
B04	562	1.00	7.00	4.2100	.808	.275	.103	−.864	.206
B05	562	1.00	7.00	4.2046	.791	.347	.103	−.868	.206
B06	562	1.00	7.00	4.2349	.814	.299	.103	−.878	.206
B07	562	1.00	7.00	4.1406	.995	−.134	.103	−.867	.206
B08	562	1.00	7.00	4.1174	.792	−.063	.103	−.880	.206
B09	562	1.00	7.00	4.1032	.998	−.016	.103	−.876	.206
C11	562	1.00	7.00	3.6833	.994	.326	.103	−1.039	.206
C12	562	1.00	7.00	3.6993	1.013	.379	.103	−1.032	.206
C13	562	1.00	7.00	3.6779	1.031	.330	.103	−1.038	.206
C14	562	1.00	7.00	3.6388	1.031	.389	.103	−1.040	.206

(续表)

测量 题项	统计量	极小值	极大值	均值	标准差	偏度		峰度	
						统计量	标准差	统计量	标准差
C15	562	1.00	7.00	3.7544	.978	.283	.103	−1.028	.206
C16	562	1.00	7.00	3.6317	.984	.369	.103	−1.037	.206
C21	562	1.00	7.00	3.9199	.741	.434	.103	−.818	.206
C22	562	1.00	7.00	3.7456	.969	.460	.103	−.529	.206
C23	562	1.00	7.00	3.8470	.707	.472	.103	−.582	.206
C31	562	1.00	7.00	3.7883	.963	.029	.103	−.963	.206
C32	562	1.00	7.00	3.8292	.981	−.026	.103	−1.033	.206
C33	562	1.00	7.00	3.7669	.966	−.015	.103	−1.070	.206
D11	562	1.00	7.00	3.8416	.903	.118	.103	−.961	.206
D12	562	1.00	7.00	3.7580	.906	.128	.103	−.877	.206
D13	562	1.00	7.00	3.8256	.870	.082	.103	−.978	.206
D14	562	1.00	7.00	3.7651	.900	.082	.103	−.964	.206
D21	562	1.00	7.00	3.5000	1.113	.449	.103	−1.111	.206
D22	562	1.00	7.00	3.4039	1.098	.544	.103	−.963	.206
D23	562	1.00	7.00	3.4057	1.032	.527	.103	−1.013	.206
D24	562	1.00	7.00	3.4804	1.019	.474	.103	−1.059	.206
F01	562	1.00	7.00	3.9947	.871	.241	.103	−.847	.206
F02	562	1.00	7.00	4.0018	.881	.246	.103	−.812	.206
F03	562	1.00	7.00	4.0231	.859	.236	.103	−.804	.206
F04	562	1.00	7.00	3.8826	.888	.335	.103	−.707	.206
F05	562	1.00	7.00	3.9093	.988	.304	.103	−.801	.206
E11	562	1.00	7.00	3.4359	1.071	.536	.103	−.993	.206
E12	562	1.00	7.00	3.5142	1.107	.490	.103	−1.007	.206
E13	562	1.00	7.00	3.5516	1.047	.437	.103	−1.039	.206
E14	562	1.00	7.00	3.5178	.987	.516	.103	−.991	.206
E21	562	1.00	7.00	4.2028	.830	−.188	.103	−.820	.206
E22	562	1.00	7.00	4.1103	.812	−.149	.103	−.831	.206

(续表)

测量题项	统计量	极小值	极大值	均值	标准差	偏度		峰度	
						统计量	标准差	统计量	标准差
E23	562	1.00	7.00	4.1335	.821	−.114	.103	−.890	.206
E24	562	1.00	7.00	4.1370	.846	−.119	.103	−.859	.206
N	562								

表 5-4 大样本调查数据的描述性统计量(团队层面)

测量题项	统计量	极小值	极大值	均值	标准差	偏度		峰度	
						统计量	标准差	统计量	标准差
A11	79	1.00	6.00	2.9367	.936	.611	.271	−.461	.535
A12	79	1.00	5.00	2.8101	.939	.463	.271	−.375	.535
A13	79	1.00	6.00	2.8228	.983	.798	.271	.495	.535
A21	79	1.00	7.00	3.3797	1.012	.430	.271	−.736	.535
A22	79	1.00	7.00	3.4051	1.021	.369	.271	−.714	.535
A23	79	1.00	7.00	3.3544	1.025	.445	.271	−.849	.535
A31	79	1.00	7.00	2.8987	.905	1.102	.271	.973	.535
A32	79	1.00	6.00	2.8354	.867	.857	.271	.558	.535
A33	79	1.00	6.00	2.9747	.921	.724	.271	−.086	.535
A34	79	1.00	6.00	2.8987	.983	.868	.271	.128	.535
B01	79	1.00	7.00	3.3544	.885	.737	.271	−.198	.535
B02	79	1.00	7.00	3.3418	.976	.662	.271	−.291	.535
B03	79	1.00	6.00	3.2025	.905	.547	.271	−.635	.535
B04	79	2.00	7.00	3.9241	.994	.576	.271	−.468	.535
B05	79	1.00	7.00	3.8481	.997	.713	.271	−.258	.535
B06	79	2.00	7.00	3.8987	.974	.735	.271	−.204	.535
B07	79	2.00	6.00	3.8354	.937	.118	.271	−.939	.535
B08	79	2.00	6.00	3.8354	.867	.078	.271	−.716	.535
B09	79	1.00	6.00	3.7975	.992	.077	.271	−.574	.535
C11	79	1.00	7.00	3.3671	.886	.926	.271	−.083	.535

(续表)

测量题项	统计量	极小值	极大值	均值	标准差	偏度		峰度	
						统计量	标准差	统计量	标准差
C12	79	1.00	7.00	3.4430	.942	.895	.271	−.139	.535
C13	79	1.00	7.00	3.4304	.950	.833	.271	−.112	.535
C14	79	1.00	7.00	3.3924	1.005	.954	.271	−.214	.535
C15	79	1.00	7.00	3.4937	.951	.815	.271	−.369	.535
C16	79	1.00	7.00	3.2911	.903	.949	.271	−.096	.535
C21	79	2.00	7.00	3.7089	.921	.538	.271	−.465	.535
C22	79	2.00	6.00	3.5063	.908	.590	.271	−.476	.535
C23	79	2.00	6.00	3.6329	.976	.722	.271	.048	.535
C31	79	1.00	6.00	3.4304	.838	.289	.271	−.902	.535
C32	79	1.00	7.00	3.4304	.983	.131	.271	−.854	.535
C33	79	1.00	6.00	3.3544	.961	.133	.271	−1.046	.535
D11	79	1.00	6.00	3.4810	.918	.172	.271	−.866	.535
D12	79	1.00	6.00	3.3671	.962	.212	.271	−.851	.535
D13	79	1.00	6.00	3.4937	.866	.113	.271	−.845	.535
D14	79	1.00	7.00	3.3797	.888	.396	.271	−.703	.535
D21	79	1.00	7.00	3.2278	.968	.572	.271	−.824	.535
D22	79	1.00	7.00	3.0759	.923	.898	.271	.008	.535
D23	79	1.00	7.00	3.0759	1.074	.871	.271	−.195	.535
D24	79	1.00	7.00	3.1392	1.081	.734	.271	−.384	.535
F01	79	1.00	6.00	3.7215	.995	.371	.271	−.956	.535
F02	79	1.00	6.00	3.6456	.796	.286	.271	−.591	.535
F03	79	1.00	6.00	3.7975	.890	.344	.271	−.830	.535
F04	79	2.00	7.00	3.5316	.929	.923	.271	.145	.535
F05	79	1.00	7.00	3.5823	.946	.744	.271	−.201	.535
E11	79	1.00	7.00	3.0633	.964	.966	.271	.151	.535
E12	79	1.00	7.00	3.1772	1.093	.691	.271	−.362	.535
E13	79	1.00	7.00	3.2911	1.002	.620	.271	−.653	.535

（续表）

测量题项	统计量	极小值	极大值	均值	标准差	偏度		峰度	
						统计量	标准差	统计量	标准差
E14	79	1.00	7.00	3.2278	1.017	.743	.271	−.464	.535
E21	79	2.00	7.00	4.6582	.870	−.481	.271	−.481	.535
E22	79	2.00	6.00	4.4177	.726	−.613	.271	−.673	.535
E23	79	2.00	7.00	4.4937	.967	−.496	.271	−.813	.535
E24	79	2.00	6.00	4.4937	.876	−.501	.271	−1.041	.535
N	79								

5.1.4　缺失值处理

在本书大样本调查的有效问卷中,仅个别题项缺失观测值。针对该类问题,常用的方面有删除法、常数替代法和估计插补法。这些方面各有使用的条件和环境,删除法易于操作,是删除存在缺省值的样本,但存在于删除样本中的隐藏信息会被浪费掉。常数替代法是采用常数来代替缺失值,但易引起数据偏离[349]。由于本书中的团队成员评价具有一定的相似性,因此采用估计插补法对缺失值进行处理,并运用 SPSS 21.0 软件中的前后观测值线性插补替代法(linear interpolation)代替缺失值。

5.1.5　数据质量评估

为确保数据的质量,本书参照赵卓嘉(2009)[360]和王国保(2010)[361]的做法,对调研过程中可能出现的各种系统偏差进行检验。检验对象主要包括不同调研方式之间的差异、非响应偏差以及共同方法偏差,通过检验这三种系统偏差,对数据质量进行进一步的评估。

1) 不同调研方式之间的差异

本书的调查问卷以走访、邮寄和电子邮件三种不同形式共回收有效问卷562 份,其中以走访形式回收的有效问卷为 108 份、以邮寄形式回收的有效问卷为 41 份、以电子邮件形式回收的有效问卷为 413 份。由于邮寄问卷较少,将其与走访回收问卷归类到一个组中,采用独立样本 T 检验将获取的数据分为两组并进行对比检验,检验结果如表 5-5 所示。检验结果表明,调研方法的选择对绝大多数测量条款都没有显著的影响,其检验的显著性概率均大于 0.05。因此,以不用调研方式获取的数据间不存在显著差异。

表 5-5　不同调研方式的独立样本 T 检验

测量题项	方差齐次检验		均值差异 T 检验		均值差	标准差
	显著性	是否齐次	T 值显著性	差异是否显著		
A11	.144	是	.129	否	−.091	.133
A12	.007	否	.586	否	−.011	.122
A13	.060	是	.125	否	−.081	.125
A21	.974	是	.152	否	.147	.172
A22	.086	是	.390	否	.153	.178
A23	.528	是	.185	否	.109	.179
A31	.207	是	.289	否	−.121	.130
A32	.101	是	.137	否	−.180	.121
A33	.098	是	.232	否	−.069	.125
A34	.131	是	.161	否	−.037	.126
B01	.517	是	.408	否	.141	.170
B02	.044	否	.234	否	.064	.171
B03	.116	是	.187	否	.090	.169
B04	.080	是	.111	否	.290	.153
B05	.182	是	.121	否	.252	.151
B06	.063	是	.733	否	.129	.154
B07	.760	是	.536	否	.083	.133
B08	.139	是	.230	否	.160	.133
B09	.337	是	.468	否	.097	.134
C11	.049	否	.307	否	.175	.171
C12	.237	是	.931	否	.073	.173
C13	.740	是	.976	否	.010	.175
C14	.053	是	.938	否	.064	.175
C15	.857	是	.243	否	.043	.169
C16	.420	是	.398	否	.282	.170

测量题项	方差齐次检验		均值差异 T 检验		均值差	标准差
	显著性	是否齐次	T 值显著性	差异是否显著		
C21	.339	是	.538	否	.091	.147
C22	.534	是	.219	否	.173	.140
C23	.956	是	.939	否	−.011	.144
C31	.431	是	.202	否	.215	.168
C32	.325	是	.657	否	.124	.170
C33	.067	是	.120	否	.162	.169
D11	.644	是	.446	否	.024	.163
D12	.184	是	.018	是	.084	.162
D13	.507	是	.189	否	.010	.160
D14	.182	是	.772	否	.292	.162
D21	.333	是	.203	否	.033	.183
D22	.056	是	.109	否	.091	.181
D23	.062	是	.050	是	.061	.184
D24	.397	是	.386	否	.159	.183
F01	.790	是	.553	否	.109	.159
F02	.364	是	.732	否	.145	.160
F03	.385	是	.215	否	.097	.159
F04	.711	是	.184	否	.215	.161
F05	.057	是	.222	否	.170	.161
E11	.238	是	.201	否	.129	.179
E12	.071	是	.105	否	.096	.182
E13	.785	是	.282	否	.090	.176
E14	.403	是	.196	否	.100	.180
E21	.688	是	.313	否	−.057	.156
E22	.312	是	.226	否	−.187	.154
E23	.388	是	.860	否	−.091	.155
E24	.950	是	.677	否	−.078	.157

2) 非响应偏差

笔者共发出调研问卷 630 份,回收有效问卷 562 份。为检验非响应偏差的影响,笔者用后回收问卷代替无应答问卷,将后回收问卷与先回收问卷进行对比检验。由于本调查从发放问卷到回收问卷所耗的时长为 47 天,因此将开始发放问卷后 23 天内回收的问卷归类为先回收问卷,将后 24 天回收的问卷归类为后回收问卷。笔者用后回收问卷代替无应答问卷,与先回收问卷进行对比分析。经统计,先回收有效问卷为 376 份,后回收有效问卷为 186 份。对两组数据进行独立样本 T 检验,检验结果如表 5-6 所示。检验结果表明,绝大多数题项均无显著差异,其方差齐次检验的显著性概率大于 0.05,均值差异 T 检验的显著性概率大于 0.1。因此,我们可以认为非响应偏差不大,并不会对下一步的统计分析造成显著影响。

表 5-6　非响应偏差的独立样本 T 检验

测量题项	方差齐次检验		均值差异 T 检验		均值差	标准差
	显著性	是否齐次	T 值显著性	差异是否显著		
A11	.103	是	.118	否	−.196	.125
A12	.218	否	.522	否	.074	.115
A13	.183	是	.458	否	−.088	.118
A21	.057	是	.528	否	−.102	.161
A22	.314	是	.261	否	−.188	.167
A23	.121	是	.775	否	.048	.168
A31	.130	是	.451	否	−.092	.122
A32	.139	是	.819	否	.026	.114
A33	.077	是	.952	否	−.007	.118
A34	.286	是	.836	否	−.024	.119
B01	.924	是	.718	否	−.058	.159
B02	.561	是	.940	否	−.012	.161
B03	.119	是	.156	否	−.226	.159
B04	.003	否	.542	否	−.088	.144
B05	.113	是	.776	否	.041	.143

（续表）

测量题项	方差齐次检验		均值差异 T 检验		均值差	标准差
	显著性	是否齐次	T 值显著性	差异是否显著		
B06	.581	是	.395	否	−.123	.145
B07	.073	是	.364	否	.114	.125
B08	.053	是	.298	否	−.130	.125
B09	.280	是	.908	否	−.014	.125
C11	.056	是	.487	否	−.112	.161
C12	.126	是	.167	否	−.224	.162
C13	.156	是	.437	否	−.128	.164
C14	.006	否	.876	否	−.026	.164
C15	.733	是	.591	否	−.086	.160
C16	.875	是	.821	否	−.036	.160
C21	.633	是	.082	否	−.240	.138
C22	.065	是	.612	否	−.067	.132
C23	.730	是	.534	否	−.084	.135
C31	.114	是	.854	否	.029	.158
C32	.123	是	.554	否	−.095	.160
C33	.066	是	.905	否	−.019	.158
D11	.080	是	.695	否	−.060	.153
D12	.076	是	.495	否	−.105	.153
D13	.065	是	.939	否	−.012	.150
D14	.195	是	.483	否	.107	.152
D21	.983	是	.134	否	−.257	.171
D22	.059	是	.782	否	−.047	.170
D23	.150	是	.593	否	−.093	.173
D24	.195	是	.525	否	−.110	.172
F01	.136	是	.708	否	−.056	.150
F02	.058	是	.763	否	−.046	.151
F03	.097	是	.339	否	−.142	.149

（续表）

测量题项	方差齐次检验		均值差异 T 检验		均值差	标准差
	显著性	是否齐次	T 值显著性	差异是否显著		
F04	.216	是	.964	否	−.007	.151
F05	.148	是	.827	否	.033	.151
E11	.189	是	.814	否	−.039	.168
E12	.081	是	.562	否	−.099	.171
E13	.676	是	.005	是	−.268	.165
E14	.394	是	.950	否	.011	.169
E21	.087	是	.519	否	.094	.146
E22	.436	是	.889	否	.020	.145
E23	.064	是	.537	否	−.090	.145
E24	.460	是	.723	否	−.052	.148

3) 共同方法偏差

共同方法偏差是运用相同研究方法，并邀请相同主体填写问卷调查，由此导致解释变量和被解释变量的数据来源相同，进而产生共同方法偏差问题。共同方法偏差会对研究变量之间的真实关系产生影响，降低数据的质量，属于系统性偏差。因此，我们需要对共同方法偏差进行检验，本书采用 Haraman 单因子检验（Haraman's single factor test），运用因子分析法，得到未旋转的因子中第一主成分能够解释的变量方差。如果它的数值较大，则表明存在严重的共同方法偏差问题。本书的探索性因子分析表明，特征值大于 1 的公共因子为 12 个，这些公共因子的解释方差百分比为 79.498%，其中解释力度最大的公因子特征值为 10.628，其解释方差百分比为 13.663%。因此，我们可以认为本书数据的共同方法偏差问题并不显著，可以进行下一步的数据分析。

5.2　对样本数据信度与效度的检验

本书在对结构模型进行因果关系检验之前，需要对测量工具的信度和效度进行检验。当测量量表具备良好的信度和效度时，对其进行定量统计与分析才是具有理论意义的。

5.2.1　对样本数据信度的检验

本书采用Cronbach's α系数和CITC值来衡量样本数据的内部一致性,检验结果如表5-7所示。从表5-7中可以看出,经过小样本前测阶段,对量表进行筛选和净化以后,所有量表的Cronbach's α值都大于0.7,且初始CITC值都大于0.3,不存在删除后可以使Cronbach's α值提高的题项,因此量表具有较好的内部一致性。

表 5-7　量表的信度检验结果

变量	测量题项	初始 CITC	最终 CITC	题项删除后的Cronbach's α 值	Cronbach's α 值
社会分类异质性	A11	.562	—	.618	
	A12	.545	—	.638	.725
	A13	.532	—	.653	
信息异质性	A21	.843	—	.850	
	A22	.799	—	.886	.909
	A23	.815	—	.873	
价值观异质性	A31	.569	—	.717	
	A32	.545	—	.730	.784
	A33	.617	—	.692	
	A34	.558	—	.723	
团队创新氛围	B01	.799	—	.918	
	B02	.815	—	.917	
	B03	.814	—	.917	
	B04	.762	—	.920	
	B05	.797	—	.918	.932
	B06	.788	—	.919	
	B07	.645	—	.927	
	B08	.615	—	.929	
	B09	.632	—	.928	
团队外部结构资本	C11	.832	—	.932	.943
	C12	.828	—	.932	

（续表）

变量	测量题项	初始 CITC	最终 CITC	题项删除后的 Cronbach's α 值	Cronbach's α 值
团队外部结构资本	C13	.822	—	.933	.943
	C14	.829	—	.932	
	C15	.824	—	.933	
	C16	.830	—	.932	
团队外部关系资本	C21	.641	—	.722	.797
	C22	.633	—	.731	
	C23	.647	—	.716	
团队外部认知资本	C31	.770	—	.799	.885
	C32	.761	—	.806	
	C33	.721	—	.843	
团队技术学习	D11	.786	—	.868	.945
	D12	.774	—	.873	
	D13	.789	—	.868	
	D14	.762	—	.877	
团队文化学习	D21	.849	—	.927	.942
	D22	.874	—	.920	
	D23	.870	—	.921	
	D24	.850	—	.927	
团队创新能力	F01	.744	—	.878	.899
	F02	.752	—	.877	
	F03	.769	—	.873	
	F04	.751	—	.877	
	F05	.733	—	.881	
团队合作性目标	E11	.820	—	.912	.929
	E12	.820	—	.912	
	E13	.831	—	.908	
	E14	.863	—	.897	

（续表）

变量	测量题项	初始 CITC	最终 CITC	题项删除后的 Cronbach's α 值	Cronbach's α 值
团队竞争性目标	E21	.762	—	.856	.889
	E22	.767	—	.854	
	E23	.787	—	.846	
	E24	.713	—	.875	
有效样本量 N	562				

注："—"表示无相应值。

5.2.2　对样本数据效度的检验

首先,本书采用探索性因子分析法对测量模型整体的区分效度进行检验,以确保不同测量变量之间的排他性。本书运用验证性因子分析法对各个量表的效度进行进一步检验,主要通过各潜变量的平均方差提取量(average variance extracted,AVE),验证样本数据的区分效度和收敛效度。AVE 表示相对于测量误差而言潜变量所能解释的方差总量。如果 AVE 大于 0.5,说明收敛效度满足要求;如果两个潜变量之间的相关系数小于这两个潜变量的 AVE,则说明两者具备了较好的区分效度。

5.2.2.1　对样本数据区分效度的检验

区分效度是指整个量表中的每个维度与其他维度的差异水平。本书采用 SPSS21.0 软件对整体模型进行探索性因子分析,如果模型中的所有量表题项能够形成清晰的因子结构,且与理论假设相符,则表明量表之间的区分效度较好。为了验证数据是否适用于探索性因子分析,本书对数据进行 KMO 样本测度和 Bartlett 球体检验。如表 5-8 所示,KMO 值为 0.910,Bartlett 球型检验的 P 值为 0.000(小于 1),达到显著性水平,拒绝零假设而接受备择假设,说明适用于探索性因子分析。本书对数据进行主成分分析,根据特征值均大于 1 的标准,提取 12 个公共因子,累积方差贡献率为 76.497%。本书采用方差最大化正交旋转,得到旋转后的因子载荷矩阵,如表 5-9 所示。从转轴后各因素中题项的因素负荷量情况来看,所有测量题项的因子荷载都在 0.6 以上,测量题项并无交叉,这说明各变量的测量量表的区分效果良好,具备较好的区分效度。量表的效度检验结果如表 5-9 至表 5-13 所示。

表 5-8　KMO 和 Bartlett 球型检验

KMO 检验		0.910
Bartlett 球型检验	近似卡方值	30 195.643
	自由度	1 326
	显著值	0.000

表 5-9　量表的效度检验结果

测量题项	A11	A12	A13	A21	A22	A23	A31	A32	A33	A34
因子 1	−.107	−.161	−.183	.302	.267	.324	.069	.051	.003	.030
因子 2	.035	−.055	−.030	.424	.009	.419	.009	−.033	.057	−.026
因子 3	−.072	−.022	−.003	.381	.227	.327	.022	.080	−.007	.059
因子 4	.256	.192	.197	.046	.153	.047	.297	.475	.050	.224
因子 5	.163	.221	.124	.096	.025	.065	−.729	−.721	−.820	−.885
因子 6	.272	.211	.416	−.069	−.114	.074	.425	.157	.106	.095
因子 7	−.043	.043	−.029	.104	.212	.086	.072	−.084	.240	−.042
因子 8	−.017	−.031	.036	.817	.732	.769	−.125	.015	.140	.066
因子 9	−.016	.008	−.018	.122	.262	.201	−.102	−.022	.049	.008
因子 10	.258	.826	.208	−.070	−.055	.030	−.030	.128	.035	.183
因子 11	.392	.226	.177	.042	.026	−.102	.153	.057	.222	.061
因子 12	−.605	−.603	−.763	.121	.106	.147	.322	−.001	.010	−.043

表 5-10　量表的效度检验结果(一)

测量题项	B01	B02	B03	B04	B05	B06	B07	B08	B09	C11	C12
因子 1	.719	.715	.734	.773	.795	.801	.610	.686	.654	.337	.352
因子 2	.439	.486	.296	.134	.224	.029	.114	.147	.125	.842	.706
因子 3	.203	.176	.259	.005	.156	.273	.260	.189	.499	.045	.055
因子 4	−.092	−.048	−.007	−.080	−.139	−.122	.052	.151	.105	.107	.036

（续表）

测量题项	B01	B02	B03	B04	B05	B06	B07	B08	B09	C11	C12
因子5	−.081	−.016	−.081	.031	.000	.003	−.006	.084	.027	−.074	.015
因子6	.022	−.096	−.137	−.039	−.130	−.063	−.002	.021	.043	−.060	−.074
因子7	.060	.138	.137	.253	.025	.052	.653	.105	.135	.063	.079
因子8	.145	.088	.036	.097	.155	.078	.107	.421	.101	.169	.080
因子9	.045	−.016	.142	.113	−.139	.195	.014	.073	.055	.032	−.035
因子10	.021	.018	−.048	−.052	.009	−.086	.071	−.035	.044	.035	−.096
因子11	−.029	−.039	.044	−.054	−.016	.056	−.060	−.019	−.124	−.095	.052
因子12	.020	.079	.036	.184	−.010	−.092	.017	.006	−.016	.019	−.064

表5-11　量表的效度检验结果（二）

测量题项	C13	C14	C15	C16	C21	C22	C23	C31	C32	C33
因子1	.075	.087	−.009	.116	.094	.496	.230	.240	.500	.000
因子2	.842	.848	.854	.839	.094	.364	.356	.128	.041	.134
因子3	−.005	.078	.087	.162	.036	.142	.166	.063	−.035	.147
因子4	.077	.014	.052	.052	.075	−.084	−.009	.396	.587	.164
因子5	.044	.009	.001	−.069	−.021	.002	−.031	.024	.076	.083
因子6	−.025	−.072	−.054	−.071	.129	−.134	−.087	−.023	.022	−.057
因子7	.056	−.101	.125	.075	−.075	.228	.011	.230	.121	.124
因子8	.129	.189	.036	.025	.055	.169	.138	.173	.195	.134
因子9	.049	.096	.100	−.060	.152	.109	.556	.648	.869	.815
因子10	−.039	.016	−.150	−.064	−.111	−.072	.024	−.116	−.109	−.138
因子11	−.174	−.066	−.047	−.097	.716	.679	.602	.042	.122	.024
因子12	−.030	−.015	.011	−.125	.057	−.154	.040	.130	.232	−.002

表5-12　量表的效度检验结果（三）

测量题项	D11	D12	D13	D14	D21	D22	D23	D24	F01	F02	F03	F04
因子1	.051	.037	−.042	−.047	.016	.083	.029	.041	.083	.135	.178	.222
因子2	.343	.284	.196	.145	.089	.130	.108	.088	.283	.383	.308	.171

(续表)

测量题项	D11	D12	D13	D14	D21	D22	D23	D24	F01	F02	F03	F04
因子3	.218	.391	.251	.481	.107	.124	.168	.158	.751	.709	.715	.685
因子4	.037	.016	.090	−.035	.875	.881	.881	.873	.082	.126	.016	−.010
因子5	.157	.079	.125	.115	.096	.020	.046	.015	−.040	.023	.014	−.016
因子6	.692	.689	.741	.672	.064	.058	−.066	−.010	.058	−.135	.053	−.096
因子7	.251	−.036	.116	.091	.106	.126	−.029	−.043	.107	.051	.222	.175
因子8	.154	.108	−.015	.099	.046	.087	.115	.060	−.018	−.063	−.111	.040
因子9	.084	.045	.185	.142	.031	−.031	.024	.189	.152	.121	.090	.354
因子10	.067	.144	−.017	−.158	−.082	−.025	−.010	.026	−.008	.006	−.055	.009
因子11	−.096	−.104	.061	.055	.066	−.051	.012	−.010	.037	−.036	−.021	−.230
因子12	.015	.191	.176	−.112	.055	−.023	−.019	.012	−.016	.055	−.124	−.162

表 5-13　量表的效度检验结果(四)

测量题项	F05	E11	E12	E13	E14	E21	E22	E23	E24	特征值	方差解释量%	累积可解释方差%
因子1	.156	−.007	.006	−.090	−.040	−.098	−.229	−.263	−.151	10.628	13.663	13.663
因子2	.218	.258	.390	.308	.333	−.047	−.121	−.116	−.149	7.432	9.333	22.996
因子3	.717	.200	.174	.195	.286	−.260	−.103	−.121	−.355	7.245	9.024	32.02
因子4	−.071	−.091	−.036	.110	−.011	.064	−.020	−.025	−.078	6.543	8.099	40.119
因子5	−.100	−.053	−.014	−.026	−.014	−.005	−.069	.020	.008	5.891	7.955	48.074
因子6	.195	−.017	−.024	−.072	−.082	.039	.118	.124	.143	4.007	6.696	54.77
因子7	.140	.199	.053	.116	.036	−.610	−.697	−.720	−.704	3.456	5.53	60.3
因子8	.016	.101	.129	.027	−.016	−.175	−.286	−.236	−.068	2.166	4.955	65.255
因子9	.162	.232	−.065	.137	.124	−.095	−.159	−.115	.145	2.096	4.446	69.701
因子10	−.145	.740	.771	.773	.764	.012	.183	−.011	.101	1.983	3.442	73.143
因子11	−.061	−.141	−.081	−.019	.021	.154	−.002	.068	.033	1.453	3.221	76.364
因子12	−.211	.140	.073	.098	.167	−.353	−.183	−.197	−.089	1.099	3.134	79.498

本书运用 Amos 23.0 软件对整体模型进行验证性因子分析,通过各潜变量的平方根及相关系数,对区分效度进行进一步的验证。一般通过比较量表各个

维度间的完全标准化相关系数与自身 AVE 值的平方根值大小来衡量区分效度,任何一个潜变量的 AVE 值的平方根都大于其他潜变量的相关系数时,各潜变量之间存在足够的区分效度;反之,则表明区分效度不够。表 5-14 中对角线部分的数据表示各潜变量的 AVE 值的平方根,其他为各潜变量之间的相关系数。由数据可知,各潜变量的 AVE 值的平方根基本大于 0.7,只有社会分类异质性的 AVE 值的平方根略小于 0.7,各潜变量之间的相关系数均小于 0.85,并且 AVE 值的平方根均大于各个潜变量之间的相关系数。这进一步验证了样本数据具有较好的区分效度。

表 5-14　量表的区分效度检验结果

项目	团队外部认知资本	团队外部关系资本	团队外部结构资本	团队创新氛围	价值观异质性	信息异质性	社会分类异质性	社会文化学习	技术学习	团队创新能力
团队外部认知资本	0.83									
团队外部关系资本	0.12	0.75								
团队外部结构资本	0.00	0.03	0.86							
团队创新氛围	0.09	0.44	0.07	0.77						
价值观异质性	−0.26	−0.27	−0.11	0.04	0.78					
信息异质性	0.06	0.01	0.47	0.00	0.09	0.88				
社会分类异质性	−0.02	0.01	−0.45	0.03	−0.35	0.01	0.68			
社会文化学习	0.02	−0.02	0.85	0.48	−0.03	0.14	0.11	0.82		
技术学习	0.11	0.09	0.09	0.75	0.12	0.62	0.03	0.52	0.72	
团队创新能力	0.06	0.04	0.50	0.67	0.05	0.42	0.07	0.71	0.73	0.70

注:对角线上的值为各潜变量的 AVE 值的平方根,非对角线上的值为两个潜变量之间的相关系数。

5.2.2.2 对样本数据的收敛效度及模型适配性的检验

收敛效度是衡量属于同一潜变量的题项之间相关度的指标。通常通过标准化因子负荷系数和平均方差提取量来检验收敛效度。本书运用 Amos 23.0 软件对大样本数据进行验证性因子分析，以检验量表的收敛效度。检验结果如表 5-15 所示，各测量题项的标准化系数均大于 0.6，各潜变量的平均方差提取量基本都大于 0.5，只有社会分类异质性为 0.469，团队创新能力为 0.494，也都接近0.5，组合信度（CR）值均大于 0.7，因此量表具有较好的收敛效度。

表 5-15　量表的收敛效度检验结果

潜变量	测量题项	标准化载荷（R）	标准误差（S.E.）	临界比（C.R.）	CR	AVE
社会分类异质性	A11	0.711	0.103	10.944	0.726	0.469
	A12	0.673	0.09	10.945		
	A13	0.669	—	—		
信息异质性	A21	0.912	0.034	29.555	0.911	0.773
	A22	0.853	0.037	26.511		
	A23	0.871	—	—		
价值观异质性	A31	0.766	0.088	11.969	0.859	0.605
	A32	0.748	0.081	11.752		
	A33	0.738	0.089	12.588		
	A34	0.853	—	—		
团队创新氛围	B01	0.845	0.097	17.164	0.930	0.599
	B02	0.854	0.098	17.311		
	B03	0.839	0.097	17.07		
	B04	0.797	0.087	16.411		
	B05	0.836	0.087	17.025		
	B06	0.83	0.088	16.939		
	B07	0.648	0.072	13.831		
	B08	0.617	0.072	13.266		
	B09	0.646	—	—		

（续表）

潜变量	测量题项	标准化载荷（R）	标准误差（S.E.）	临界比（C.R.）	CR	AVE
团队外部结构资本	C11	0.856	0.037	27.124	0.943	0.735
	C12	0.857	0.037	27.226		
	C13	0.853	0.038	26.946		
	C14	0.861	0.037	27.464		
	C15	0.855	0.037	27.099		
	C16	0.86	—	—		
团队外部关系资本	C21	0.751	0.069	14.525	0.797	0.567
	C22	0.738	0.065	14.468		
	C23	0.769	—	—		
团队外部认知资本	C31	0.861	0.053	20.461	0.870	0.691
	C32	0.844	0.053	20.287		
	C33	0.788	—	—		
团队技术学习	D11	0.711	—	—	0.811	0.518
	D12	0.783	0.062	15.771		
	D13	0.705	0.06	16.296		
	D14	0.676	0.062	15.61		
团队社会文化学习	D21	0.803	0.043	22.696	0.894	0.678
	D22	0.835	0.042	24.077		
	D23	0.834	0.042	24.036		
	D24	0.82	—	—		
团队创新能力	F01	0.655	—	—	0.829	0.494
	F02	0.65	0.074	13.551		
	F03	0.751	0.073	13.58		
	F04	0.736	0.075	13.308		
	F05	0.716	0.075	12.936		

注："—"表示无相应值。

验证性因子分析中需要对测量模型的拟合优度进行检验,检验指标包括卡方指数与自由度的比值(χ^2/df)、拟合优度指数(GFI)、调整拟合优度指数(AGFI)、规范拟合指数(NFI)、比较拟合指数(CFI)、近似误差均方根(RMSEA)。国内外学者普遍采用的拟优合度指标数值范围及建议值,如表5-16所示[362][363]。

表 5-16　整体模型拟合优度指标建议值

指标	数值范围	建议值
χ^2/df	0 以上	小于 5,小于 3 更佳
GFI	0~1,但可能出现负值	大于 0.85,大于 0.9 更佳
AGFI	0~1,但可能出现负值	大于 0.85,大于 0.9 更佳
NFI	0~1	大于 0.85,大于 0.9 更佳
CFI	0~1	大于 0.85,大于 0.9 更佳
RMSEA	0 以上	小于 0.1,小于 0.05 更佳

整体模型的拟合优度指标,如表5-17所示,各变量的GFI、AGFI、NFI、CFI的值均在0.85以上,其中GFI和CFI大于0.9,卡方自由度比值(χ^2/df)为1~3的可接受范围内,RMSEA值也均在0.05~0.08的可接受范围内,模型拟合度可以接受。

表 5-17　整体模型拟合优度指标

拟合指标	χ^2/df	GFI	AGFI	NFI	CFI	RMSEA
指标值	2.402	0.881	0.891	0.893	0.863	0.061

5.3　假设检验与结果分析

本节将运用结构方程技术对研究变量之间的关系进行检验,具体步骤如下:①检验团队学习在团队异质性、团队创新氛围、团队外部资本和时尚设计团队创新能力中的作用,探讨各研究变量对时尚设计团队创新能力的直接效应和间接效应,对于部分影响系数不显著的关系进行进一步的 Sobel 检验。②运用方差分析法对控制变量的影响进行检验。③运用层级回归分析法对团队目标依赖性的调节效应进行检验。

5.3.1　中介效应检验

中介效应表示自变量 X 对因变量 Y 的影响,如果 X 通过影响变量 M 来影响 Y,那么变量 M 被称为中介变量。中介变量反映了自变量对因变量的影响关系,典型的中介变量模型如图 5-1 所示。假设模型中的所有变量都进行了预处理,均值为零,则模型中的对应方程可以描述研究变量之间的关系。

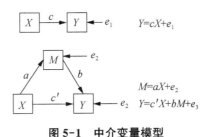

图 5-1　中介变量模型

其中,c 表示 X 对 Y 的总效应;$a \times b$ 表示存在中介变量 M 时的中介效应;c' 表示直接效应。当中介变量 M 为 1 时,总效应(c)为中介效应($a \times b$)与直接效应(c')的和。根据 Baron 和 Kenny 等提出的中介效应检验程序,本书通过以下步骤对团队学习的中介效应进行检验:①因变量对自变量的回归,验证回归系数 c 的显著性水平。②中介变量对自变量的回归,因变量对中介变量的回归,依次判断回归系数 a、b 是否达到显著水平。③将因变量同时对自变量及中介变量回归,观察中介变量 M 回归系数 c' 的显著性水平。如果自变量的回归系数由显著变为不显著,则说明中介变量是完全中介变量;如果自变量的回归系数 c' 较原来有所减少,但通过显著性检验,则说明中介变量为部分中介变量,此时自变量对因变量既产生直接影响,又通过中介变量对因变量产生影响[364]。

5.3.1.1　中介模型分析

由于研究模型还涉及各变量之间的路径关系,因此本书将借助结构方程模型,并运用 Amos 23.0 软件,考虑团队异质性、创新氛围、团队外部社会资本与团队创新能力之间的直接和间接作用,建立团队学习的中介作用模型,对相关理论模型进行拟合比较,筛选出最佳匹配模型,进而对中介效应进行判断。

团队异质性、创新氛围、团队外部社会资本与团队创新能力的部分中介模型分析结果和路径图的信息如图 5-2、表 5-18 所示。中介模型(M1)的拟合指标

χ^2/df 值为 2.402，小于 3 是可以接受的；GFI 与 $AGFI$ 值没有达到 0.8；CFI 和 NFI 的值都小于 0.9；$RMSEA$ 值为 0.061，小于 0.08。根据前述结构方程拟合度指标的判断标准，可知模型拟合指标可以接受，但不是特别理想。

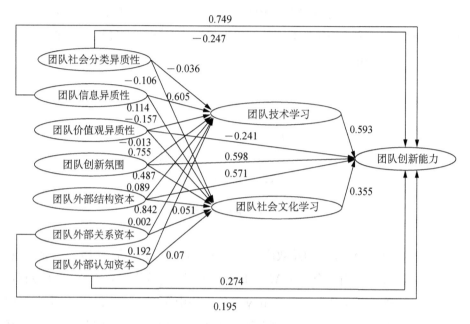

图 5-2　团队学习的中介模型(M1)

根据路径系数可知，团队社会分类异质性对团队技术学习影响的显著性水平 p 值大于 0.05，回归系数并不显著；团队社会分类异质性对社会文化学习存在显著的负向影响，回归系数为 $-0.106(p < 0.001)$；团队信息异质性对团队技术学习和社会文化学习产生显著正向作用，回归系数分别为 $0.605(p < 0.001)$、$0.114(p < 0.05)$；团队价值观异质性对团队技术学习和团队社会文化学习产生显著负向作用，回归系数分别为 $-0.157(p < 0.001)$、$-0.013(p < 0.05)$；团队信息异质性对团队创新能力产生显著正向作用，回归系数分别为 $0.749(p < 0.05)$；团队社会分类异质性、团队价值观异质性对团队创新能力影响的显著性水平 p 大于 0.05，回归系数并不显著；团队创新氛围对团队技术学习、团队社会文化学习、团队创新能力产生显著正向作用，回归系数分别为 $0.755(p < 0.05)$、$0.487(p < 0.001)$、$0.598(p < 0.001)$；团队外部结构资本、团队外部关系资本、团队外部认知资本对团队技术学习产生显著正向作用，回归系数分别为 0.089

($p<0.05$)、0.002($p<0.001$)、0.192($p<0.05$);团队外部结构资本、团队外部关系资本、团队外部认知资本对团队社会文化学习产生显著正向作用,回归系数分别为0.842($p<0.001$)、0.051($p<0.05$)、0.07($p<0.05$);团队外部结构资本、团队外部关系资本、团队外部认知资本对团队创新能力影响的显著性水平 p 值大于0.05,回归系数均不显著。

表 5-18　团队学习中介模型(M1)的路径系数和假设检验

假设路径	标准化路径系数	显著性水平	是否显著
团队社会分类异质性→技术学习	−0.036	0.338	否
团队信息异质性→技术学习	0.605	***	是
团队价值观异质性→技术学习	−0.157	***	是
团队创新氛围→技术学习	0.755	***	是
团队外部结构资本→技术学习	0.089	0.036	是
团队外部关系资本→技术学习	0.002	***	是
团队外部认知资本→技术学习	0.192	0.017	是
团队社会分类异质性→社会文化学习	−0.106	***	是
团队信息异质性→社会文化学习	0.114	0.043	是
团队价值观异质性→社会文化学习	−0.013	0.015	是
团队创新氛围→社会文化学习	0.487	***	是
团队外部结构资本→社会文化学习	0.842	***	是
团队外部关系资本→社会文化学习	0.051	0.011	是
团队外部认知资本→社会文化学习	0.07	0.021	是
团队技术学习→团队创新能力	0.593	***	是
团队社会文化学习→团队创新能力	0.355	***	是
团队社会分类异质性→团队创新能力	−0.247	0.077	否
团队信息异质性→团队创新能力	0.749	0.034	是
团队价值观异质性→团队创新能力	−0.241	0.053	否
团队创新氛围→团队创新能力	0.598	***	是
团队外部结构资本→团队创新能力	0.571	0.054	否
团队外部关系资本→团队创新能力	0.195	0.067	否
团队外部认知资本→团队创新能力	0.274	0.055	否

注:*** 表示 $P<0.001$。

从整体模型评价来看,我们需要对模型进行修正,首先将不显著路径删除,其次根据 Amos 23.0 软件输出结果中的修正指数 MI(modification indices)对模型进行修正。本书先后对 D21 与 D22、B06 与 B09、C11 与 C12 建立误差变量的关联,最后可根据每次误差变量的关联得到一个修正后的模型。

团队学习中介模型(M1)的修正过程指标变化情况如表 5-19 所示,经过 4 次修正,模型的拟合情况逐步提升,且模型 M4 的拟合指标比初始模型 M1 更理想。随着观察变量之间关系的深入,模型的拟合情况逐步提升。到修正模型 M4 时,χ^2/df 的值下降到 1.978,小于 2;GFI、$AGFI$、CFI、NFI 的值均超过 0.9;$RMSEA$ 的值为 0.046,小于 0.05。此时,模型拟合情况比较理想,因此将模型 M4 作为最终的团队学习中介模型。

表 5-19　修正模型拟合优度指标比较

项目	χ^2/df	GFI	$AGFI$	NFI	CFI	$RMSEA$
初始模型 M1	2.402	0.881	0.891	0.893	0.863	0.061
修正模型 M2	2.399	0.891	0.900	0.902	0.875	0.057
修正模型 M3	2.167	0.901	0.908	0.911	0.894	0.052
修正模型 M4	1.978	0.906	0.913	0.921	0.902	0.046

团队学习的中介模型(M4)的分析结果和路径图的信息如表 5-20、图 5-3 所示。根据路径系数可知,团队信息异质性对团队技术学习和社会文化学习产生显著正向作用,回归系数分别为 0.214($p<0.05$)、0.066($p<0.05$);团队价值观异质性对团队技术学习和团队社会文化学习存在显著的负向影响,回归系数分别为 -0.108($p<0.001$)、-0.019($p<0.05$);团队社会分类异质性、信息异质性、价值观异质性对团队创新能力影响的显著性水平 p 大于 0.05,回归系数并不显著;团队创新氛围对团队技术学习、团队社会文化学习、团队创新能力产生显著正向作用,回归系数分别为 0.778($p<0.05$)、0.578($p<0.05$)、0.306($p<0.001$);团队外部结构资本、团队外部关系资本、团队外部认知资本对团队技术学习产生显著正向作用,回归系数分别为 0.021($p<0.05$)、0.0196($p<0.001$)、0.277($p<0.001$);团队外部结构资本、团队外部关系资本、团队外部认知资本对团队社会文化学习产生显著正向作用,回归系数分别为 0.883($p<0.001$)、0.082($p<0.05$)、0.118($p<0.05$);团队外部结构资本、团队外部关系资本、团队外

部认知资本对团队创新能力影响的显著性水平 p 大于 0.05,回归系数均并不显著。

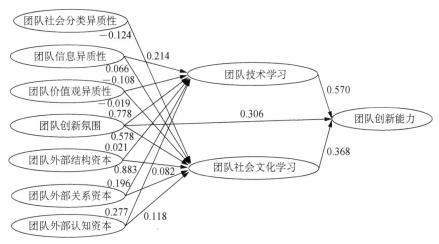

图 5-3　团队学习的中介模型(M4)

表 5-20　团队学习中介模型(M4)的路径系数和假设检验

假设路径	标准化路径系数	显著性水平	是否显著
团队信息异质性→技术学习	0.214	0.035	是
团队价值观异质性→技术学习	−0.108	***	是
团队创新氛围→技术学习	0.778	0.003	是
团队外部结构资本→技术学习	0.021	0.002	是
团队外部关系资本→技术学习	0.196	***	是
团队外部认知资本→技术学习	0.277	***	是
团队社会分类异质性→社会文化学习	−0.124	***	是
团队信息异质性→社会文化学习	0.066	0.027	是
团队价值观异质性→社会文化学习	−0.019	0.007	是
团队创新氛围→社会文化学习	0.578	0.047	是
团队外部结构资本→社会文化学习	0.883	***	是
团队外部关系资本→社会文化学习	0.082	0.032	是
团队外部认知资本→社会文化学习	0.118	0.038	是
团队技术学习→团队创新能力	0.57	0.014	是
团队社会文化学习→团队创新能力	0.368	***	是
团队创新氛围→团队创新能力	0.306	***	是

注：*** 表示 $P<0.001$。

5.3.1.2　Sobel 检验

本书通过结构方程验证了中介效应的路径,本节将通过 Sobel 检验进一步检验该中介效应。Sobel 检验主要通过检验系数乘积的显著性,以及判断系数乘积 ab 的显著性,检验中介效应。Sobel 检验的计算公式如公式 5-5 所示:

$$z = ab / \sqrt{a^2 S_b^2 + b^2 S_a^2} \qquad (5-5)$$

公式 5-5 中的 a 和 b 表示自变量到中介变量和中介变量到因变量的标准化回归系数,S_a 和 S_b 分别为回归系数 a 和 b 的标准化误差。如果 Sobel 检验的检验值 z 的绝对值大于 1.95,则表示显著水平 $p<0.05$;如果 z 的绝对值大于 2.58,则表示显著水平 $p<0.01$,中介效应在这两种情况下存在。如果 z 的绝对值小于 1.95,则表示中介效应不存在。如表 5-21 所示,团队学习中介模型(M4)中所有中介关系的 Sobel 检验值都大于 1.96,因此可以认为修正后模型 M4 的中介效应显著。

表 5-21　团队学习中介模型(M4)的 Sobel 检验结果

中介关系	Sobel 检验值	显著性
团队信息异质性→技术学习→团队创新能力	1.99	是
团队价值观异质性→技术学习→团队创新能力	−2.07	是
团队创新氛围→技术学习→团队创新能力	2.69	是
团队外部结构资本→技术学习→团队创新能力	1.98	是
团队外部关系资本→技术学习→团队创新能力	2.06	是
团队外部认知资本→技术学习→团队创新能力	2.49	是
团队社会分类异质性→社会文化学习→团队创新能力	2.60	是
团队信息异质性→社会文化学习→团队创新能力	2.28	是
团队价值观异质性→社会文化学习→团队创新能力	−2.45	是
团队创新氛围→社会文化学习→团队创新能力	1.96	是
团队外部结构资本→社会文化学习→团队创新能力	5.79	是
团队外部关系资本→社会文化学习→团队创新能力	2.20	是
团队外部认知资本→社会文化学习→团队创新能力	2.99	是

5.3.1.3　中介效应汇总分析

以最佳拟合模型 M4 和 Sobel 检验为基础,本书总结了团队异质性、团队创新氛围以及团队外部社会资本,对团队学习和团队创新能力的直接影响、间接影响及总体影响,具体结果如表 5-22 所示。由表 5-22 可以发现,社会分类异质性对团队创新能力具有间接的负向作用;信息异质性对团队创新能力具有直接或间接的正向作用;团队外部结构资本、团队外部关系资本、团队外部认知资本对团队创新能力产生间接的正向作用;价值观异质性对团队创新能力具有间接的负向作用。

表 5-22　前因变量和中介变量对结果变量的影响效果

项目	团队技术学习			团队社会文化学习			团队创新能力		
	直接影响	间接影响	总影响	直接影响	间接影响	总影响	直接影响	间接影响	总影响
社会分类异质性	—	—	—	−0.124		−0.124		−0.045	−0.045
信息异质性	0.214	—	0.214	0.066		0.066	0.749	0.146	0.895
价值观异质性	−0.108		−0.108	−0.019		−0.019		0.069	0.069
团队创新氛围	0.778		0.778	0.578		0.578	0.306	0.656	0.962
团队外部结构资本	0.021		0.021	0.883		0.883		0.337	0.337
团队外部关系资本	0.196		0.196	0.082		0.082		0.141	0.141
团队外部认知资本	0.277		0.277	0.118		0.118		0.201	0.201

5.3.2　控制变量的影响

除了本书模型中重点考虑的自变量对时尚设计团队创新能力产生影响,还有一些控制变量也可能对时尚设计团队创新能力产生影响,但这些变量不是本书所关注的。控制变量通常包括一些人口统计学变量和组织特征变量,由于本书中的自变量团队异质性已经包含了关于团队成员性别、年龄、教育程度等重要因素,因此本书将影响时尚设计团队创新能力的团队层面和组织层面的特征作为控制变量,分析团队规模、团队年龄和行业类别对时尚设计团队创新能力的影响。由于团队规模、团队年龄和行业类别均属于分类变量,且团队规模、团队年龄的类别超过两个,因此采用单因素方差分析;行业类别有两个分类变量,因此采用独立样本 T 检验,以此检验其对中介变量(团队学习)与结果变量(团队创新能力)的影响[366][367]。

1) 团队规模的影响

本书将团队规模分为 4 种:5 人及以下、6～10 人、11～20 人、20 人以上。本书运用单因素方差分析、检验团队规模对团队学习和团队创新能力的影响。具体如表 5-23 所示,在 95% 的置信水平下,团队规模对团队学习并不产生显著作用,并且团队规模对团队创新能力也无显著影响。

表 5-23　团队规模对各变量的影响(单因素方差分析)

变量	方差齐次检验		均值方差 T 检验	
	显著性	是否齐次	T 值显著性	差异是否显著
技术学习	.067	是	.155	否
社会文化学习	.254	是	.376	否
团队创新能力	.137	是	.254	否

2) 团队年龄的影响

本书将团队年龄分为 3 种:3 年及以下、3～5 年、5 年及以上。本书运用单因素方差分析、检验团队年龄对团队学习和团队创新能力的影响。具体如表 5-24 所示,在 95% 的置信水平下,团队年龄对团队学习并不产生显著作用,并且团队年龄对团队创新能力也无显著影响。

表 5-24　团队年龄对各变量的影响(单因素方差分析)

变量	方差齐次检验		均值方差 T 检验	
	显著性	是否齐次	T 值显著性	差异是否显著
技术学习	.174	是	.291	否
社会文化学习	.058	是	.135	否
团队创新能力	.344	是	.467	否

3) 行业类别的影响

本书将团队所处的行业类别分为 2 种:时尚产品制造和时尚产品服务。本书运用独立样本 T 检验分析行业类别对团队学习和团队创新能力的影响。具体如表 5-25 所示,方差齐次检验的显著性概率均大于 0.05,均值差异 T 检验的显著性概率均大于 0.1。因此,在 95％的置信水平下,行业类别对团队技术学习并不产生显著作用,并且对团队创新能力也无显著影响,但是对团队社会文化学习产生显著的影响。

表 5-25　行业类别对各变量的影响(独立样本 T 检验)

变量	方差齐次检验		均值方差 T 检验	
	显著性	是否齐次	T 值显著性	差异是否显著
技术学习	.258	是	.476	否
社会文化学习	.162	是	.016	是
团队创新能力	.064	是	.142	否

由于方差齐性检验结果表明社会文化学习的方差为齐性,因此本书以最小显著性法(LSD)分类检验不同行业的样本,检验结果如表 5-26 所示。属于时尚产品制造的时尚设计团队的社会文化学习程度和水平,低于属于时尚产品服务的时尚设计团队。因此,本书在分析时尚设计团队合作性目标、团队竞争性目标、团队异质性及团队学习的关系时,将行业类别作为控制变量放入调节效应的检验过程。

表 5-26　行业类别对团队社会文化学习的影响

变量	分析方法	行业类别 (1)	行业类别 (2)	均值差 行业类别 (1~2)	标准误差	显著概率
团队社会文化学习	LSD	时尚产品制造	时尚产品服务	−.231 *	.104	.015

5.3.3　调节效应检验

本书采用层级回归分析方法,检验团队合作性目标和团队竞争性目标分别对团队异质性与团队学习之间关系的调节作用。其中,行业类别为控制变量,团队异质性为自变量,团队合作性目标和团队竞争性目标为调节变量,团队学习为因变量。在层级回归方程中,首先将因变量团队学习和控制变量行业类别同时纳入方程;其次将自变量团队异质性纳入回归方程;再次将调节变量团队合作性目标或团队竞争性目标纳入回归方程;最后将团队异质性与团队合作性目标或团队竞争性目标的乘积项纳入回归方程。通过观察乘积项所带来的 ΔR^2 的显著性来判断,团队合作性目标和团队竞争性目标是否对团队异质性与团队学习之间的关系产生调节作用[367]。

1) 团队合作性目标调节效应的检验

在进行调节效应的检验之前,本书对所有数据进行了去中心化处理。由于上文中社会分类异质性对团队技术学习的影响并不显著,因此不再检验团队合作性目标和竞争性目标对社会分类异质性与团队技术学习的调节效应。在团队合作性目标对团队异质性与团队技术学习的调节效应检验中,模型 1 引入控制变量(行业类别);模型 2 引入自变量(信息异质性和价值观异质性)和调节变量(团队合作性目标);模型 3 引入自变量(信息异质性和价值观异质性)与调节变量(团队合作性目标)的交互项。多元线性回归分析结果如表 5-27 所示。回归结果表明,团队合作性目标在信息异质性与团队技术学习之间存在正向调节作用($\beta=0.224$, $p<0.001$),而团队合作性目标在价值观异质性与团队技术学习之间存在正向调节作用($\beta=0.159$, $p<0.01$)。

在团队合作性目标对团队异质性与团队社会文化学习的调节效应检验中,模型 1 引入控制变量(行业类别);模型 2 引入自变量(社会分类异质性、信息异质性和价值观异质性)和调节变量(团队合作性目标);模型 3 引入自变量(社会分类异质性、信息异质性和价值观异质性)与调节变量(团队合作性目标)的交互项。多元线性回归结果表明,团队合作性目标在社会分类异质性与团队社会文化学习之间存在正向调节作用($\beta=0.143$, $p<0.01$),在信息异质性与团队社会文化学习之间存在正向调节作用($\beta=0.125$, $p<0.01$),团队合作性目标在价值观异质性与团队社会文化学习之间存在正向调节作用($\beta=0.354$, $p<0.001$)。

表 5-27 团队合作性目标的调节效应检验结果

项目	团队技术学习			团队社会文化学习		
变量	模型 1	模型 2	模型 3	模型 1	模型 2	模型 3
行业类别	.112	.012	.034	.152**	.234***	.009
社会分类异质性	—	—	—	—	−.118**	.112**

（续表）

项目	团队技术学习			团队社会文化学习		
变量	模型1	模型2	模型3	模型1	模型2	模型3
信息异质性	—	.491***	.420***	—	.342***	.289***
价值观异质性	—	.185***	.101**	—	.183***	.110**
团队合作性目标	—	.302***	.331***	—	.479***	.477***
社会分类异质性×团队合作性目标	—	—	—	—	—	.143**
信息异质性×团队合作性目标	—	—	.224***	—	—	.125**
价值观异质性×团队合作性目标	—	—	.159**	—	—	.354***
R^2	.576	.587	.609	.615	.627	.641
调整的 R^2	.571	.585	.606	.613	.624	.636
ΔR^2	.579	.587	.022	.618	.627	.014

注：* 表示 $p<0.05$，** 表示 $p<0.01$，*** 表示 $p<0.001$。

2）团队竞争性目标调节效应的检验

以团队社会文化学习为因变量的多元线性回归分析结果如表5-28所示。模型1引入控制变量（行业类别）；模型2引入自变量（社会分类异质性、信息异质性和价值观异质性）和调节变量（团队竞争性目标）；模型3引入自变量（社会分类异质性、信息异质性和价值观异质性）与调节变量（团队竞争性目标）的交互项。回归结果表明，团队竞争性目标在社会分类异质性与团队社会文化学习之间存在负向调节作用（$\beta=-0.131$，$p<0.01$），在信息异质性与团队社会文化学习之间存在负向调节作用（$\beta=-0.194$，$p<0.001$），在价值观异质性与团队社会文化学习之间存在负向调节作用（$\beta=-0.127$，$p<0.01$）。

在团队竞争性目标对团队异质性与团队技术学习的调节效应检验中，模型1引入控制变量（行业类别）；模型2引入自变量（信息异质性和价值观异质性）和调节变量（团队竞争性目标）；模型3引入自变量（信息异质性和价值观异质性）与调节变量（团队竞争性目标）的交互项。多元线性回归分析结果如表5-28所示。回归结果表明，团队竞争性目标在信息异质性与团队技术学习之间存在负向调节作用($\beta=-0.152$，$p<0.01$)，在价值观异质性与团队技术学习之间存在负向调节作用($\beta=-0.121$，$p<0.01$)。

表 5-28　团队竞争性目标调节效应的检验结果

项目	团队技术学习			团队社会文化学习		
变量	模型1	模型2	模型3	模型1	模型2	模型3
行业类别	.053	.006	.028	.101**	.214***	.006
社会分类异质性	—	—	—	—	.133**	.140**
信息异质性	—	.551***	.508***	—	.473***	.382***
价值观异质性	—	.176**	.162**	—	.245***	.187**
团队竞争性目标	—	−.259***	−.289***	—	−.370***	−.390***
社会分类异质性× 团队竞争性目标	—	—	—	—	—	−.131**
信息异质性× 团队竞争性目标	—	—	−.152**	—	—	−.194***
价值观异质性× 团队竞争性目标	—	—	−.121**	—	—	−.127**
R^2	.579	.588	.603	.612	.609	.634
调整的 R^2	.576	.585	.600	.616	.607	.629
ΔR^2	.577	.588	.015	.035	.609	.024

注：* 表示 $p<0.05$，** 表示 $p<0.01$，*** 表示 $p<0.001$。

5.4　小结

本章以修订后的调查问卷为工具，对分布在上海、无锡、杭州、北京、深圳、广州、福州的时尚设计团队展开大规模调研，最终获得有效样本 562 份。本书在对数据进行描述性统计、缺省值处理、调研方式偏差和非响应偏差检验等后，对数据质量进行初步评估；运用因子分析法和验证性因子分析对样本数据进行了信度、效度及适配性检验，以便对测量量表的结构、质量进行全面评估。对本书提出的理论假设进行检验，包括中介效应、调节效应，并对控制变量的影响进行分析。假设检验结果汇总如表 5-29 所示。

表 5-29　假设检验结果汇总

假设编号	假设内容	检验结果
H1a	社会分类异质性与时尚设计团队创新能力负相关	支持
H1b	价值观异质性与时尚设计团队创新能力负相关	支持
H1c	信息异质性与时尚设计团队创新能力正相关	支持
H2	团队创新氛围与时尚设计团队创新能力正相关	支持
H3a	团队外部结构资本与时尚设计团队创新能力正相关	支持
H3b	团队外部关系资本与时尚设计团队创新能力正相关	支持
H3c	团队外部认知资本与时尚设计团队创新能力正相关	支持
H4a	团队社会分类异质性与时尚设计团队技术学习负相关	不支持
H4b	团队信息异质性与时尚设计团队技术学习正相关	支持
H4c	团队价值观异质性与时尚设计团队技术学习负相关	支持
H5a	团队社会分类异质性与时尚设计团队社会文化学习负相关	支持
H5b	团队信息异质性与时尚设计团队社会文化学习正相关	支持
H5c	团队价值观异质性与时尚设计团队社会文化学习负相关	支持
H6a	团队创新氛围与时尚设计团队技术学习正相关	支持
H6b	团队创新氛围与时尚设计团队社会文化学习正相关	支持
H7a	团队外部结构资本与时尚设计团队技术学习正相关	支持
H7b	团队外部认知资本与时尚设计团队技术学习正相关	支持
H7c	团队外部关系资本与时尚设计团队技术学习正相关	支持
H8a	团队外部结构资本与时尚设计团队社会文化学习正相关	支持
H8b	团队外部认知资本与时尚设计团队社会文化学习正相关	支持
H8c	团队外部关系资本与时尚设计团队社会文化学习正相关	支持
H9a	团队技术学习与时尚设计团队创新能力正相关	支持
H9b	团队社会文化学习与时尚设计团队创新能力正相关	支持
H10a	团队技术学习在社会分类异质性与时尚设计团队创新能力之间起中介作用	不支持
H10b	团队技术学习在信息异质性与时尚设计团队创新能力之间起中介作用	支持

假设编号	假设内容	检验结果
H10c	团队技术学习在价值观异质性与时尚设计团队创新能力之间起中介作用	支持
H11a	团队社会文化学习在社会分类异质性与时尚设计团队创新能力之间起中介作用	支持
H11b	团队社会文化学习在信息异质性与时尚设计团队创新能力之间起中介作用	支持
H11c	团队社会文化学习在价值观异质性与时尚设计团队创新能力之间起中介作用	支持
H12a	团队技术学习在团队创新氛围与时尚设计团队创新能力之间起中介作用	支持
H12b	团队社会文化学习在团队创新氛围与时尚设计团队创新能力之间起中介作用	支持
H13a	团队技术学习在团队外部结构资本与时尚设计团队创新能力之间起中介作用	支持
H13b	团队技术学习在团队外部关系资本与时尚设计团队创新能力之间起中介作用	支持
H13c	团队技术学习在团队外部认知资本与时尚设计团队创新能力之间起中介作用	支持
H14a	团队社会文化学习在团队外部结构资本与时尚设计团队创新能力之间起中介作用	支持
H14b	团队社会文化学习在团队外部关系资本与时尚设计团队创新能力之间起中介作用	支持
H14c	团队社会文化学习在团队外部认知资本与时尚设计团队创新能力之间起中介作用	支持
H15a	团队合作性目标对社会分类异质性与时尚设计团队技术学习的关系起正向调节作用	不支持
H15b	团队合作性目标对信息异质性与时尚设计团队技术学习的关系起正向调节作用	支持
H15c	团队合作性目标对价值观异质性与时尚设计团队技术学习的关系起正向调节作用	支持
H15d	团队合作性目标对社会分类异质性与时尚设计团队社会文化学习的关系起正向调节作用	支持

(续表)

假设编号	假设内容	检验结果
H15e	团队合作性目标对信息异质性与时尚设计团队社会文化学习的关系起正向调节作用	支持
H15f	团队合作性目标对价值观异质性与时尚设计团队社会文化学习的关系起正向调节作用	支持
H16a	团队竞争性目标对社会分类异质性与时尚设计团队技术学习的关系起负向调节作用	不支持
H16b	团队竞争性目标对信息异质性与时尚设计团队技术学习的关系起负向调节作用	支持
H16c	团队竞争性目标对价值观异质性与时尚设计团队技术学习的关系起负向调节作用	支持
H16d	团队竞争性目标对社会分类异质性与时尚设计团队社会文化学习的关系起负向调节作用	支持
H16e	团队竞争性目标对信息异质性与时尚设计团队社会文化学习的关系起负向调节作用	支持
H16f	团队竞争性目标对价值观异质性与时尚设计团队社会文化学习的关系起负向调节作用	支持

第6章 总结与展望

6.1 总结

通过对团队创新理论及时尚设计团队创新能力相关理论的系统梳理,本书对时尚设计团队创新能力进行解构,深入剖析了时尚设计团队的创新过程。本书以系统理论为基础,从内部环境和外部环境两个方面揭示了时尚设计团队能力的影响因素,具体包括团队异质性、团队创新氛围、团队外部社会资本和团队学习。本书分析了这些影响因素对时尚设计团队创新能力的影响机理,建立了时尚设计团队创新能力影响因素模型,通过问卷调查对模型进行了实证检验。本书的主要研究结论有以下几点。

(1) 时尚设计团队创新能力包括团队创新基础能力、团队创新转化能力和团队创新产出能力。本书以设计驱动创新为视角,通过剖析时尚设计团队创新过程,对时尚设计团队的创新能力进行理论解构,将时尚设计团队创新能力分为团队创新基础能力、团队创新转化能力及团队创新产出能力。在设计驱动式创新的模式下,设计对企业创新的作用是决定性的。在这种由设计行为主导的创新模式中,团队的创新能力来源于团队成员参与设计对话的能力,具体的创新行为表现为倾听、诠释和表达。在倾听方面,时尚设计团队利用内部与外部的知识资源,获取社会与文化最新趋势的信息,形成创新基础能力;在诠释方面,时尚设计团队共同论证和选择创新概念,促进设计创新概念转化成创新思维模型,通过多次商讨将其形成书面化的设计创新方案;在表达方面,时尚设计团队将设计创新方案转化为创新产品,并进行市场推广,说服用户接受新的产品意义,形成创新产出能力。这三种行为相互影响、相互促进,共同促进时尚设计团队的创新能力的形成。

(2) 时尚设计团队创新能力的影响因素分为内部因素和外部因素,主要包括团队异质性、团队创新氛围、团队外部社会资本和团队学习。时尚设计团队创新的过程是动态、复杂且多变的,其受到内部因素和外部因素的共同影响。本书通过对现有文献的梳理,结合时尚设计团队的特征,从动力的角度将时尚设计团队创新能力影响因素分为内部、外部因素。其中,内部因素主要为团队异质性和团队创新氛围,外部因素为团队外部社会资本。内部因素与外部因素为时尚设计团队提供了创新所需的设计资源,而这些资源需要经由团队学习以内化,才能更好地转化为团队的创新能力。因此,本书认为,团队学习是影响时尚设计团队创新能力的重要因素。时尚设计团队的异质性反映了设计人员在学历、职业背景、年龄、性别和文化等方面的差异,团队成员的社会分类异质性、信息异质性和价值观异质性对时尚设计团队创新能力的形成具有重要影响。设计师之间的信息差异性会使团队内部知识和文化呈多元化的局面,这些差异有利于团队内部信息、观点、认知和价值观的相互碰撞,能对时尚设计团队创新能力的形成起到关键作用。而时尚设计团队成员之间的社会分类异质性和价值观异质性也容易造成团队成员之间的人际关系冲突,从而降低团队凝聚力,破坏团队合作,不利于团队创新。良好的创新氛围能为时尚设计团队成员提供制度、资源、成员互动等方面的创新支持,有利于提高团队创新能力。团队外部环境是时尚设计团队生存与发展的必要基础和前提,本书将时尚设计团队的外部环境归结为外部社会资本。时尚设计团队成员借助团队外部社会资本获取最新的有关社会文化趋势的信息,通过与外部社会网络的互动共享和扩散不同的观点和文化,解决各种创新问题。团队外部社会资本为时尚设计团队提供了关系资源,有利于促进团队成员参与设计对话,获得更多创意与创新资源,从而提高团队创新能力。设计团队通过学习掌握内部因素和外部因素,将所有设计资源内化,进而有利于提高团队创新能力。

(3) 团队异质性的各个维度对时尚设计团队创新能力的影响存在不同。根据社会认同理论和相似吸引理论,具有相同特征的群体成员更容易对彼此产生认同;而社会分类和价值观的差异可能带来交流和沟通的障碍,导致团队成员之间人际冲突的发生,团队凝聚力的破坏,团队创新受阻。实证研究发现,团队社会分类异质性对时尚设计团队创新能力产生显著的负向影响,回归系数为 $-0.001(p<0.05)$;团队价值观异质性对时尚设计团队创新能力产生显著的负向影响,回归系数为 $-0.118(p<0.001)$。根据信息决策理论,团队成员的信息

异质性可为团队提供多样化的知识资源,在教育背景、生活经历等方面的差异性使团队成员在应对新问题时会提供不同的思路与方法,从而有利于时尚设计团队创新能力的提升。实证研究发现,团队信息异质性对时尚设计团队创新能力产生显著的正向影响,回归系数为 $0.969(p<0.001)$。时尚设计团队在管理中,尤其要关注价值观异质性对团队创新能力所产生的消极影响,在团队成员选择方面发现可能存在的价值观冲突,并在团队文化建设过程中注重培养团队的集体价值观,提高团队凝聚力,减少因价值观异质性而产生的团队成员之间的冲突与分歧。

(4) 团队创新氛围和团队外部社会资本对时尚设计团队创新能力所产生的正向影响。根据 Anderson 和 West 的团队创新模型,团队创新氛围反映了团队成员对工作环境的认知。这种认知能够直接影响团队创新,同时也会通过团队成员的心理、态度、动机或创新行为,影响团队的创新能力。根据回归路径系数可知,团队创新氛围对时尚设计团队创新能力产生显著的正向影响,回归系数为 $0.985(p<0.001)$,且回归系数达到了显著水平。团队外部结构资本为时尚设计团队成员提供团队之外的知识与经验,这有利于提升时尚设计团队的创新能力。因此,团队外部结构资本对时尚设计团队创新能力产生显著的正向影响,回归系数为 $0.792(p<0.001)$。团队外部关系资本为时尚设计团队成员提供外部的合作与信任关系网络,从而促进团队内部与外部之间的交流,对时尚设计团队创新能力具有促进作用。因此,团队外部关系资本对时尚设计团队创新能力产生显著的正向影响,回归系数为 $0.529(p<0.001)$。团队外部认知资本加强了团队成员与团队外部成员的沟通,使团队成员的创新成果得到更多外部人士的认可,这有利于提高时尚设计团队创新能力,因此团队外部认知资本对时尚设计团队创新能力产生显著的正向影响,回归系数为 $0.178(p<0.001)$。实证结果表明,团队外部社会资本对时尚设计团队创新能力影响的回归系数均达到了显著水平。因此,时尚设计团队在创新实践过程中,需要注重培育团队创新氛围以及建设、维护社会外部资本,通过团队内部创新与外部协作提高时尚设计团队创新能力。

(5) 团队学习在团队异质性、团队创新氛围、团队外部资本与时尚设计团队创新能力之间起中介作用。时尚设计团队学习分两个维度:团队技术学习和团队社会文化学习。团队异质性、团队创新氛围和团队外部社会资本不仅对时尚设计团队创新能力产生直接影响,也通过团队技术学习和团队社会文化学习对时尚设计团队创新能力产生间接影响。本书构建并验证了团队异质性、团队创新氛围、团队外部社会资本对时尚设计团队创新能力作用的全模型,发现了团队异质性、团队创新氛围、团队外部资本通过团队学习对时尚设计团队创新能力的影响机理及作用机制。本书的实证研究结果表明,社会分类异质性通过团队社会文化学习对时尚设计团队创新能力产生间接的负面影响;社会分类异质性对团队技术学习的影响并不显著,主要原因是时尚设计团队普遍由不同国家、不同背景的设计师组成,其团队本身具有多元文化性和开放性。时尚设计团队技术学习的过程是团队对技术知识的吸收和转化过程,相较于社会文化学习,时尚设计团队中性别、年龄和种族等方面的差异性给团队成员之间带来的实质性分歧并不会很大,因此该差异性对团队技术学习所产生的负面影响并不显著。信息异质性通过团队技术学习和团队社会文化学习间接正向影响时尚设计团队创新能力,其中,信息异质性对时尚设计团队创新能力的直接影响大于间接影响。价值观异质性通过团队技术学习和团队社会文化学习间接负向影响时尚设计团队创新能力,其中,团队技术学习和团队社会文化学习起到完全中介作用。团队创新氛围通过团队技术学习和团队社会文化学习间接正向影响时尚设计团队创新能力,其中,团队创新氛围对时尚设计团队创新能力的间接影响大于直接影响。团队外部结构资本通过团队技术学习和团队社会文化学习间接正向影响时尚设计团队创新能力,其中,团队技术学习和团队社会文化学习起到完全中介作用。团队外部关系资本通过团队技术学习和团队社会文化学习间接正向影响时尚设计团队创新能力,其中,团队技术学习和团队社会文化学习起到完全中介作用。团队外部认知资本通过团队技术学习和团队社会文化学习间接正向影响时尚设计团队创新能力,其中,团队技术学习和团队社会文化学习起到完全中介作用。对于时尚设计团队而言,团队成员具有差异的教育背景、经验、专业知识等对创新能力会产生直接的作用。在团队人才队伍建设方面,团队管理者应吸纳具有不同教育背景和经验的设计师,通过知识的交流与共享,提升团队创新能力。对于团队创新氛围和外部社会资本转化为创新能力而言,团队学习至关重要,团队管理者应努力创造条件并鼓励团队成员学习技术知识和社会文化知识。团队学习有助于将团队内外部设计资源真正转化为创新能力。

(6)目标依赖性在团队异质性和时尚设计团队学习之间起到调节作用。目标结构理论认为,团队存在两种驱动目标:竞争的目标结构和合作的目标结构。

在合作的目标结构下,个体的目标与团队成员的目标一致,个体目标的实现取决于团队其他成员目标的实现。在竞争的目标结构下,个体目标的实现与团队成员目标的实现是一种负相关。根据合作与竞争理论,团队合作性目标会促成团队成员之间的利益共享,成员间形成相互依赖的关系、相互帮助、乐于共享资源,并为了共同的目标而努力。相反,竞争型目标会使团队成员之间的利益相互抵触,使团队成员之间形成竞争型关系。实证研究发现,合作和竞争的目标依赖性在团队异质性和时尚设计团队学习之间起调节作用。团队合作性目标对信息异质性、团队技术学习及团队社会文化学习的关系起正向调节作用;团队合作性目标对价值观异质性、团队技术学习及团队社会文化学习的关系起正向调节作用;团队合作性目标对社会分类异质性与团队社会文化学习的关系起正向调节作用;团队竞争性目标对社会分类异质性与团队技术学习的关系起负向调节作用;团队竞争性目标对信息异质性、团队技术学习及团队社会文化学习的关系起负向调节作用;团队竞争性目标对价值观异质性、团队技术学习及团队社会文化学习的关系起负向调节作用。由此可知,时尚设计团队对合作性目标的依赖可以降低因团队社会分类和价值观差异而对团队学习所产生的负面影响,并可以提高团队信息异质性对团队学习的正面影响。而时尚设计团队对竞争性目标的依赖会强化因团队社会分类和价值观差异而对团队学习所产生的负面影响,并降低团队信息异质性对团队学习的正面影响。在时尚设计团队工作目标的设定过程中,管理者需要把握团队成员彼此之间的目标关系,对合作性目标的依赖有利于减缓成员价值观和社会分类差异所带来的冲突与沟通障碍,有利于创新能力的提高。

6.2 展望

本书以时尚设计团队创新能力为研究重点,探讨了时尚设计团队创新能力的构成,并对影响其创新能力的因素和影响机理进行了深入研究,验证了团队技术学习与社会文化学习影响时尚设计团队创新能力的中介机制,并探究了合作性目标和竞争性目标在团队异质性和团队学习之间的调节效应。在本书的研究过程中,笔者最大限度地保证了研究过程的科学性和严谨性,但由于主观原因和客观原因,研究依然存在一定的不足,需要在今后进行完善与深化。

　　在研究对象方面,本书以时尚设计团队成员为研究对象,探讨了时尚设计团队创新能力的构成、影响因素及影响机理,研究结论适用于时尚产业范畴,但其研究结论在其他行业是否适用还有待检验。因此,后续研究可以调研其他行业的团队,对其他类型团队的创新能力进行进一步的拓展研究。在研究设计方面,本书采用的是自我报告式的态度测量法。应用此类方法,可便于笔者在有限的时间、财力和人力条件下获得尽可能多的研究资料,其抽样方法和抽样过程的科学性与严谨性,保证了检验结论的稳定性与可靠性。由于各方面条件的局限,本书没有运用过多种类的研究方法,如自我报告和他人报告、实验和态度测量、实地观察等,未来可以借用多种方法对本书的研究结论进行进一步的验证。在研究内容方面,本书研究了时尚设计团队创新能力影响因素和影响机理,由于时尚设计团队本身具有跨文化的特点,很多时尚设计团队成员都来自不同的国家和地区,因此后续研究可以关注跨文化因素对时尚设计团队社会文化学习、技术学习以及团队创新能力的影响。

参 考 文 献

［1］WEST M A, J L Farr（Eds.）. Innovation and creativity at work: Psychological and organizational strategies［M］. England: Wiley, 1990.

［2］SKULL J. Key terms in art craft and design［M］. Adelaide: Elbrook Press, 1998.

［3］BURNINGHAM C, WEST M A. Individual, climate, and group interaction processes as predictors of work team innovation［J］. Small Group Research,1995, 26(1): 106-117.

［4］WEST M A, ANDERSON N R. Innovation in top management teams［J］. Journal of Applied Psychology, 1996, 81(6): 680-693.

［5］ANDERSON N R, WEST A. Measuring climate for work group innovation: development and validation of the team climate inventory［J］. Journal of Organizational Behavior,1998, 19(3): 235-258.

［6］WEST M A. Sparkling fountains or stagnant ponds: An integrative model of creativity and innovation implementation in work groups Applied Psychology［J］. 2002, 51(3): 355-387.

［7］EISENHARDT K M, TABRIZI B N. Accelerating Adaptive Processes: Product Innovation in the Global Computer Industry［J］. Administrative Science Quarterly, 1995, 40(1): 84-110.

［8］BROWN S L, EISENHARDT K M. Product Development: Past Research, Present Findings, and Future Directions［J］. Academy of Management Review,1995, 20(2): 343-378.

［9］黄海艳.服务型领导风格、工作满意度对研发团队创新行为的影响［J］.当代经济管理,2013,35(10):79-83.

[10] SCOTT S G，BRUCE R A. Determinants of innovation behavior：a path model of individual innovation in the workplace［J］. Academy of Management Journal，1994，37：580-607.

[11] 王璇.团队创新氛围对团队创新行为的影响——内在动机与团队效能感的中介作用[J].软科学,2012,26(3):105-109.

[12] ZHOU J，GEORGE J M. When job dissatisfaction leads to creativity：encouraging the expression of voice［J］. Academy of Management Joumal,2001,44(4)：682-696.

[13] JANSSEN O. Job demands，perceptions of effort-reward fairness and innovative work behavior［J］. Journal of Occupational and Organizational Psychology，2000，73：287-302.

[14] KLEYSEN R F，STREET C. Toward a multi-dimensional measure of individual innovative behavior［J］. Journal of Intellectual Captital,2001，2(3)：284-296.

[15] 黄致凯.组织创新气候知觉、个人创新行为、自我效能知觉与问题解决型态关系之研究——以银行业为研究对象[D].高雄:台湾中山大学,2004.

[16] 卢小君,张国梁.工作动机对个人创新行为的影响研究[J].软科学,2007,21(6):124-127.

[17] 顾远东,彭纪生.组织创新氛围对员工创新行为的影响:创新自我效能感的中介作用[J].南开管理评论,2010,13(1):30-41.

[18] COHEN S G，BAILEY D R. What makes teams work：group effectiveness research from the shop floor to the executive suite ［J］. Journal of Management，1997(23)：239-290.

[19] 刘惠琴,张德.高校学科团队中魅力型领导对团队创新绩效影响的实证研究[J].科研管理,2007,28(4):185-191.

[20] 朱少英,齐二石,徐渝.变革型领导、团队氛围、知识共享与团队创新绩效的关系[J].软科学,2008,22(11):1-9.

[21] BENJAMIN R H，RITA B，FELIX C B. Does an adequate team climate for learning predict team effectiveness and innovation potential? A psychometric validation of the team climate questionnaire for learning in

an organizational context[J]. Procedia-Social and Behavioral Sciences, 2014，114：543-550.

[22] HUSSAIN K，KONAR R，ALI F. Measuring service innovation performance through team culture and knowledge sharing behavior in hotel services：a PLS approach[J]. Procedia-Social and Behavioral Sciences，2016，224(3)：35-43.

[23] DAFT R L. A dual-core model of organizational innovation[J].Academy of management,1978,21(2)：193-210.

[24] ALEGRE J, CHIVA R. Assessing the impact of organizational learning capability on product innovation performance：an empirical test[J]. Technovation,2008,28(6)：315-326.

[25] ANDERSON N, WEST M A. The team climate inventory development of the TCI and its applications in teambuilding for innovativeness European[J]. Journal of work and organizational psychology，1996，5(1)：53-66.

[26] DIETZEN B E. Spillovers of innovation effects[J]. Journal of Policy Modeling,2000,22(1)：27-42.

[27] LOVELACE K，SHAPIRO D，WEINGART L R. Maximizing cross-functional new product teams' innovativeness and constraint adherence：a conflict communications perspective[J]. Academy of Management Journal，2001,44(4)：779-793.

[28] KRATZER J, LEENDERS R T A J, VAN ENGELEN J M L. Informal contacts and performance in innovation teams[J].International Journal of Manpower,2005,26(6)：513-528.

[29] 彭正龙,赵红丹.团队差序氛围对团队创新绩效的影响机制研究——知识转移的视角[J].科学学研究,2011,(8):1207-1216.

[30] HOEGL M, GEMUENDEN H G. Teamwork quality and the success of innovative projects：a theoretical concept and empirical evidence[J]. Organization Science，2001,12(4)：435-449.

[31] 郑小勇,楼鞍.科研团队创新绩效的影响因素及其作用机理研究[J].科学学研究,2009,27(9):1428-1438.

[32] MOK P Y, XU J, WANG X X, et al. An IGA-based design support system for realistic and practical fashion design [J]. Computer-Aided Design,2013,45(3): 1442-1458.

[33] PERONI S, VITALI F. Interfacing fast-fashion design industries with Semantic Web technologies: The case of Imperial Fashion [J]. Journal of Web Semantics, 2017, 44(6): 37-53.

[34] KRALISCH D, OTT D, LAPKIN A A, et al. The need for innovation management and decision guidance in sustainable process design [J]. Journal of Cleaner production, 2018, 172(9): 2374-2388.

[35] FAN H L, CHANG P F, ALBANESE D, et al. Multilevel influences of transactive memory systems on individual innovative behavior and team innovation[J]. Thinking Skills and Creativity, 2016, 19(5): 49-59.

[36] EDMONDSON A C, HARVEY J F. Cross-boundary teaming for innovation: Integrating research on teams and knowledge in organizations [J]. Human Resource Management Review, 2018, 28(4): 347-360.

[37] WANG S Y, ZHANG S J, LI B B. Effect of diversity on top management team to the bank's innovation ability-based on the nature of ownership perspective[J]. Procedia Engineering,2017,174: 240-245.

[38] PALETZ S B F, CHAN J, SCHUNN C D. The dynamics of micro-conflicts and uncertainty in successful and unsuccessful design teams [J]. Design Studies, 2017, 50: 39-69.

[39] BEHOORA I, TUCKER C S. Machine learning classification of design team members' body language patterns for real time emotional state detection [J]. Design Studies, 2015, 39: 100-127.

[40] WARDAK D. Gestures orchestrating the multimodal development of ideas in educational design team meetings[J].Design Studies, 2016,47: 1-22.

[41] PRICE R, MATTHEWS J, WRIGLEY C. Three narrative techniques for engagement and action in design-led innovation [J]. She Ji: The Journal of Design, Economics, and Innovation, 2018, 4(2): 186-201.

[42] SOSA R，CONNOR A. Innovation teams and organizational creativity：reasoning with computational simulations［J］. She Ji：The Journal of Design，Economics，and Innovation，2018，4(2)：157-170.

[43] GIBBS J L，SIVUNEN A，BOYRAZ M. Investigating the impacts of team type and design on virtual team processes［J］. Human Resource Management Review，2017，27(4)：590-603.

[44] MCGRATH J E. Social psychology：a brief intro-duction［M］. New York：Holt，Rinehart & Winston，1964.

[45] JACKSON S E，STONE V K，ALVAREZ E B. Socialization amidst diversity：the impact of demographics on work team old-timers and newcomers［J］. Research in Organizational，1993，15：45-46.

[46] VAN KNIPPENBERG D，DE DREU C K W，HOMAN A C. Work group diversity and group performance：an integrative model and research agenda［J］. Journal of applied psychology，2004，89(6)：1008.

[47] 王兴元,姬志恒.跨学科创新团队知识异质性与绩效关系研究[J].科研管理,2013(3):14-22.

[48] 段光,杨忠.知识异质性对团队创新的作用机制分析[J].管理学报,2014,11(1):86-94.

[49] PERTUSA-ORTEGA E M，ZARAGOZA-SÁEZ P，CLAVER-CORTÉS E. Can formalization，complexity，and centralization influence knowledge performance? ［J］. Journal of Business Research，2010，63(3)：310-320.

[50] 刘景东,党兴华,杨敏利.组织柔性、信息能力和创新方式——基于中国工业企业的实证分析[J].科学学与科学技术管理,2013(3):69-79.

[51] 齐旭高,齐二石,周斌.组织结构特征对产品创新团队绩效的跨层次影响——基于中国制造企业的实证研究[J].科学学与科学技术管理,2013(3):162-169.

[52] THONG R，LOTTA L. Creating a culture of productivity and collaborative innovation Orion's R&D transformation［J］. Research technology management,2015,58(3)：41-50.

[53] BUSCHGENS T，BAUSCH A，BALKIN D B. Organizational culture and

innovation: a meta-analytic review [J]. Journal of innovation management, 2013,30(4): 763-781.

[54] HU L Y, RANDEL A E. Knowledge sharing in teams social capital, extrinsic incentives, and team innovation [J]. Group & organization management,2014,39(2): 213-243.

[55] 陈国权.团队学习和学习型团队概念、能力模型、测量及对团队绩效的影响 [J].管理学报,2007(9):602-609.

[56] BOSCH-SIJTSEMA P M, HAAPAMAKI J. Perceived enablers of 3D virtual environments for virtual team learning and innovation [J]. Computers in human behavior,2014,37: 395-401.

[57] HUANG Y C, MA R, LEE K W. Exploitative learning in project teams: do cognitive capability and strategic orientations act as moderator variables? [J]. International journal of project management, 2015, 33(4): 760-771.

[58] DE DREU C K W. When too little or too much hurts: evidence for a curvilinear relationship between task conflict and innovation in teams [J]. Journal of Management,2006,32(1): 83-107.

[59] TJOSVOLD D, WU P, CHEN Y F. The effects of collectivistic and individualistic values on conflict and decision making: an experiment in China[J]. Journal of Applied Social Psychology, 2010, 40(11): 2904-2926.

[60] NIJSTAD B A, BERGER-SELMTAN F, DE DREU C K W. Innovation in top management teams: minority dissent, transformational leadership, and radical innovations [J]. European journal of work and organizational psychology, 2014, 23(2): 310-322.

[61] PAULSEN N, CALLAN V J, AYOKO O, et al. Transformational leadership and innovation in an R&D organization experiencing major change[J]. Journal of organizational change management,2013,26(3): 595-610.

[62] NIJSTAD B A, BERGER-SELMAN F, DE DREU C K W. Innovation in top management teams: minority dissent, transformational leadership,

and radical innovations[J].European journal of work and organizational psychology,2014,23(2)：310-322.

[63] CERNE M, JAKLIC M, SKERLAVAJ M. Authentic leadership, creativity, and innovation：a multilevel perspective [J]. Leadership, 2013,9(1)：63-85.

[64] 隋杨,陈云云,王辉.创新氛围、创新效能感与团队创新:团队领导的调节作用[J].心理学报,2012,44(02):237-248.

[65] SOMECH A, DRACH-ZAHAVY A. Translating team creativity to innovation implementation：the role of team composition and climate for innovation[J]. Journal of Management,2013,39(3)：684-708.

[66] Liu B C, Shi M H. Job insecurity, work-related stress and employee creativity：proactive personality and team climate for innovation as moderators [C]. Proceedings of the International Conference on Management Science and Management Innovation (MSMI), Changsha, China, 2014：14-15.

[67] CABELLO M C, LÓPEZ-CABRALES Á, VALLE-CABRERA R. Leveraging the innovative performance of human capital through HRM and social capital in Spanish firm [J]. International Journal of Human Resource Management, 2011,22(4)：807-828.

[68] 唐朝永,陈万明,彭灿.社会资本、失败学习与科研团队创新绩效[J].科学学研究,2014,32(7):1096-1105.

[69] 曹勇,向阳.企业知识治理、知识共享与员工创新行为——社会资本的中介作用与吸收能力的调节效应[J].科学学研究,2014,32(1):1096-1105.

[70] LES T L, BADRIM S. Reflexivity, stress, and unlearning in the new product development team：the moderating effect of procedural justice [J]. R&D Management, 2011,41(4)：410-420.

[71] POST C. Deep-Level team composition and innovation：the mediating roles [J]. Group Management, 2012, 37(5)：555-588.

[72] 杨付,张丽华.团队成员认知风格对创新行为的影响:团队心理安全感和工作单位结构的调节作用[J].南开管理评论,2012,15(5):13-25.

[73] GU Q，WANG G G，WANG L. Social capital and innovation in R&D teams：the mediating roles of psychological safety and learning from mistakes[J]. R&D Management，2013，43(2)：89-102.

[74] 黄海艳. 交互记忆系统与研发团队的创新绩效：以心理安全为调节变量[J].管理评论,2014,26(12):91-99.

[75] KOC T，CEYLAN C. Factors impacting the innovative capacity in large-scale companies[J]. Technovation,2007，27(3)：105-114.

[76] AMABILE T M. The social psychology of creativity：A componential conceptualization[J]. Journal of Personality and Social Psychology，1983，13(2)：357-376.

[77] WOODMAN R W, SAWYER J E, GRIFFIN R W. Toward a theory of organizational creativity [J]. Academy of management review,1993,18(2)：293-321.

[78] ROMIJN H, ALBALADEJO M. Determinants of innovation capability in small electronics and software firms in southeast England[J]. Research Policy，2002，31(7)：1053-1067.

[79] SZETO E. Innovation capacity：working towards a mechanism for improving innovation within an inter-organizational network [J]. The TQM Magazine,2000,12(2)：149-157.

[80] ZHAO H，TONG X, WONG P K, et al. Types of technology sourcing and innovative capability：an exploratory study of Singapore manufacturing firms[J]. The Journal of High Technology Management Research，2005，16(2)：209-224.

[81] LAWSON B，SAMSON D. Developing innovation capability in organizations：a dynamic capabilities approach[J]. International Journal of Innovation Management,2001,5(03)：377-400.

[82] CROSSMAN M M, APAYDIN M. A multi-dimensional framework of organizational innovation：a systematic review of the literature [J]. Journal of management studies，2010,47(6)：1154-1191.

[83] MUMFORD M D, GUSTAFSON S B. Creativity syndrome：integration,

application, and innovation [J]. Psychological bulletin,1988, 103(1)：27.

[84] ANDREWS J, SMITH D C. In search of the marketing imagination：factors affecting the creativity of marketing programs for mature products [J]. Journal of Marketing Research,1996,33(2)：174-187.

[85] DAHL D W. Clarity in defining product design：inspiring research opportunities for the design process [J]. Journal of Product Innovation Management, 2011, 28(3)：425-427.

[86] HUANG S L, DING D H, CHEN Z. Entrepreneurial leadership and performance in Chinese new ventures：a moderated mediation model of exploratory innovation, exploitative innovation and environmental dynamism[J]. Creativity and Innovation Management,2014,23(4)：453-469.

[87] BALACHANDRA R, FRIAR J H. Factors for success in R&D projects and new product innovation：a contextual framework[J]. IEEE Transactions on Engineering management, 1997, 44(3)：276-287.

[88] 吴延兵.不同所有制企业技术创新能力考察[J].产业经济研究,2014,2：53-64.

[89] SZETO E. Innovation capacity：working towards a mechanism for improving innovation within an inter-organizational network [J]. The TQM Magazine,2000,12(2)：149-157.

[90] LAWSON B, SAMSON D. Developing innovation capability in organizations：a dynamic capabilities approach [J].International Journal of Innovation Management,2001,5(03)：377-400.

[91] 张宗和,彭昌奇.区域技术创新能力影响因素的实证分析——基于全国30个省市区的面板数据[J].中国工业经济,2009(11):35-44.

[92] 吴爱华,苏敬勤.人力资本专用性、创新能力与新产品开发绩效——基于技术创新类型的实证分析[J].科学学研究,2012,30(6):950-960.

[93] 刘昌年,马志强,张银银.全球价值链下中小企业技术创新能力影响因素研究——基于文献分析视角[J].科技进步与对策,2015,32(4):57-61.

[94] DAN S M, SPAIDB I, NOBLE C H. Exploring the sources of design innovations：insights from the computer, communications and audio

equipment industries[J]. Research Policy, 2018, 47(8)：1495-1504.

[95] 郑绪涛.中国自主创新能力影响因素的实证分析[J].工业技术经济,2009,
28(5):73-75.

[96] 许庆瑞,吴志岩,陈力田.转型经济中企业自主创新能力演化路径及驱动因
素分析——海尔集团 1984—2013 年的纵向案例研究[J].管理世界,
2013(04):121-134＋188.

[97] 李静,马宗国.基于 RJVs 的我国中小企业自主创新能力影响因素研究[J].
科技管理研究,2016,36(08):14-20.

[98] 谈甄,储节旺,李丽娟.基于鱼骨图和 AHP 的产业集群知识创新能力影响
因素研究[J].情报科学,2012,30(9):1361-1365.

[99] 夏晖,王梦楠,曾勇.行业周期视角下企业创新能力影响因素综合研究——
来自中国制造业上市公司的经验证据[J].中国管理科学,2016,24(S1)：
758-764.

[100] 王文寅,梁晓霞.创新驱动能力影响因素实证研究——以山西省为例[J].
科技进步与对策,2016,33(3):43-49.

[101] PARK W Y, RO Y K, KIM N. Architectural innovation and the
emergence of a dominant design：the effects of strategic sourcing on
performance[J]. Research Policy, 2018, 47(1)：326-341.

[102] 吕一博,苏敬勤."创新过程"视角的中小企业创新能力结构化评价研究
[J].科学学与科学技术管理,2011,32(8):58-64.

[103] 赵炎,孟庆时.创新网络中基于结派行为的企业创新能力评价[J].科研管
理,2014,35(7):35-43.

[104] 张晓明.基于粗糙集——AHM 的装备制造业企业创新能力评价指标权重
计算研究[J].中国软科学,2014,(06):151-158.

[105] 谷炜,杜秀亭,卫李蓉.基于因子分析法的中国规模以上工业企业技术创
新能力评价研[J].科学管理研究,2015,33(1):84-87.

[106] 徐立平,姜向荣,尹翀.企业创新能力评价指标体系研究[J].科研管理,
2015,36(S1):122-126.

[107] LEI Z. Grey synthetical evaluation of university's engineering innovation
ability[J]. Systems Engineering Procedia,2012,3：319-325.

[108] 魏江,黄学.高技术服务业创新能力评价指标体系研究[J].科研管理,2015,36(12):9-18.

[109] 罗洪云,张庆普.知识管理视角下新创科技型小企业突破性技术创新能力评价指标体系构建及测度[J].运筹与管理,2016,25(1):175-184.

[110] 李美娟,陈国宏,肖细凤.基于一致性组合评价的区域技术创新能力评价与比较分析[J].中国管理科学,2009,17(2):131-139.

[111] 杜娟,霍佳震.基于数据包络分析的中国城市创新能力评价[J].中国管理科学,2014,22(6):85-93.

[112] 熊曦,魏晓.国家自主创新示范区的创新能力评价——以我国10个国家自主创新示范区为例[J].经济地理,2016,36(1):33-38.

[113] HAUSER C, SILLER M, SCHATZER T, et al. Measuring regional innovation: a critical inspection of the ability of single indicators to shape technological change[J]. Technological Forecasting and Social Change, 2018, 129: 43-55.

[114] 中国时尚产业蓝皮书课题组.中国时尚产业蓝皮书2008[R].北京:中欧国际工商学院《中欧商业评论》时尚产业研究中心,2008:16-17.

[115] MINDER B, LASSEN A H. The designer as jester: design practice in innovation contexts through the lens of the jester model[J]. She Ji: The Journal of Design, Economics, and Innovation,2018,4(2): 171-185.

[116] DURÃO L F C S, KELLY K, NAKANO D N, et al. Divergent prototyping effect on the final design solution: the role of "Dark Horse" prototype in innovation projects[J]. Procedia Cirp, 2018, 70: 265-271.

[117] DOVE G, ABLILDGAARD S J, BISKJŒR M M, et al. Grouping notes through nodes: The functions of Post-It notes in design team cognition [J]. Design Studies, 2018, 57: 112-134.

[118] PAVIE X, CARTHY D. Leveraging uncertainty: a practical approach to the integration of responsible innovation through design thinking[J]. Procedia-Social and Behavioral Sciences, 2015, 213: 1040-1049.

[119] ROOS G. Design-based innovation for manufacturing firm success in high-cost operating environments[J]. She Ji: The Journal of Design,

Economics, and Innovation, 2016, 2(1): 5-28.

[120] 陈国栋.设计团队知识交流与创新绩效的实证研究[J].科研管理,2014,
35(4):83-89.

[121] RAHMAN N, CHENG R, BAYERL P S. Synchronous versus asynchronous
manipulation of 2D-objects in distributed design collaborations: Implications
for the support of distributed team processes [J]. Design Studies, 2013,
34(3): 406-431.

[122] HILARY G. Detailed empirical studies of student information storing in
the context of distributed design team-based project work [J]. Design
Studies, 2013, 34(3): 378-405.

[123] LEE K C K, CASSIDY T. Principles of design leadership for industrial
design teams in Taiwan[J]. Design Studies, 2007, 28(4): 437-462.

[124] CREASY T, CARNESA. The effects of workplace bullying on team
learning, innovation and project success as mediated through virtual and
traditional team dynamics [J]. International Journal of Project
Management,2017,35(06): 964-977.

[125] OLAISEN J, REVANG O. The dynamics of intellectual property rights for
trust, knowledge sharing and innovation in project teams [J]. International
Journal of Information Management, 2017, 37(6): 583-589.

[126] BOSCH-SIJTSEMA P M, HAAPAMÄKI J. Perceived enablers of 3D
virtual environments for virtual team learning and innovation [J].
Computers in Human Behavior, 2014, 37: 395-401.

[127] HERNÁNDEZ-LEO D, MORENO P, CHACÓN J, et al. Ld Shake
support for team-based learning design [J]. Computers in Human
Behavior, 2014, 37: 402-412.

[128] ÇUBUKCUA, GÜMÜB. Systematic design of an open innovation tool[J].
Procedia-Social and Behavioral Sciences, 2015, 195: 2859-2867.

[129] Toh C A, Miller S R. How engineering teams select design concepts: a view
through the lens of creativity[J]. Design Studies, 2015, 38: 111-138.

[130] REJEB H B, ROUSSEL B. Design and innovation learning: case study

in north African engineering universities using creativity workshops and fabrication laboratories[J]. Procedia CIRP, 2018, 70: 331-337.

[131] CESCHIN F, GAZIULUSOY I. Evolution of design for sustainability: from product design to design for system innovations and transitions[J]. Design studies, 2016, 47: 118-163.

[132] MCCOMB C, CAGAN J, KOTOVSKY K. Lifting the Veil: drawing insights about design teams from a cognitively-inspired computational model [J]. Design Studies, 2015, 40: 119-142.

[133] MCCOMB C, CAGAN J, KOTOVSKY K. Rolling with the punches: an examination of team performance in a design task subject to drastic changes[J]. Design Studies, 2015, 36: 99-121.

[134] D'SOUZA N. Investigating design thinking of a complex multidisciplinary design team in a new media context: introduction[J]. Design Studies, 2016, 100(46): 1-5.

[135] CECCARELLI M. Innovation challenges for mechanism design [J]. Mechanism and Machine Theory, 2018, 125: 94-100.

[136] SARAN M C, PATRICK C F, NAGAJAN R. The top management team, reflexivity knowledge sharing and new product performance: study of the Irish Software Industry [J]. Creativity and Innovation Management, 2010,19(3): 219-232.

[137] DEDREU C, NIJATAD B, VAN K D. Motivated information processing in group judgment and decision making[J]. Personality and Social Psychology Review,2008,12(1): 22-49.

[138] KURTZBERG T R, AMABILE T M. From Guilford to creative synergy: Opening the black box of team-level creativity[J]. Creativity Research Journal, 2001, 13(3-4): 285-294.

[139] LIEBOWITZ J. Knowledge management and its link to artificial intelligence[J]. Expert systems with Applications,2008,20(3): 1-6.

[140] MULLER A, HERBIG B, PETROVIC K. The explication of implicit team knowledge and its supporting effect on team processes and

Technical innovations: an action regulation perspective on team reflexivity [J]. Small group research,2009,40(1):28-51.

[141] SCULLY JW, BUTTIGIEG SC, FULLARD A, et al. The role of SHRM in turning tacit knowledge into explicit knowledge: a cross-national study of the UK and Malta[J]. International journal of human resource management,2013,24(12):2299-2320.

[142] CHRISTENSEN B T, BALL L J. Creative analogy use in a heterogeneous design team: The pervasive role of background domain knowledge[J]. Design Studies, 2016,46:38-58.

[143] KOKOTOVICH V, DORST K. The art of 'stepping back': Studying levels of abstraction in a diverse design team[J]. Design Studies, 2016, 46:79-94.

[144] 张庆普,张伟.创意团队创意方案形成过程与机理研究——基于创意发酵视角[J].研究与发展管理,2014,26(6):99-113.

[145] AKHAVAN P, MAHDI HOSSEINI S. Social capital, knowledge sharing, and innovation capability: an empirical study of R&D teams in Iran[J]. Technology Analysis & Strategic Management,2016,28(1): 96-113.

[146] 王有远,王发麟,乐承毅,等.基于本体的多设计团队协同产品设计知识建模[J].中国机械工程,2012,23(22):2720-2725.

[147] TJOSVOLD D, TANG M M L, WEST M. Reflexivity for team innovation in China: The contribution of goal interdependence [J]. Group & Organization Management, 2004, 29(5):540-559.

[148] WONG A, TJOSVOLD D, LIU C. Innovation by teams in Shanghai, China: Cooperative goals for group confidence and persistence[J]. British Journal of Management, 2009,20(2):238-251.

[149] LAWRENCE C, CLAIBORNE N, ZEITLIN W, et al. Finish what you start: a study of design team change initiatives' impact on agency climate[J]. Children and Youth Services Review, 2016, 63:40-46.

[150] DEN OTTER A, EMMITT S. Exploring effectiveness of team

communication: balancing synchronous and asynchronous communication in design teams[J]. Engineering, Construction and Architectural Management, 2007,14(5): 408-419.

[151] BEHOORA I, TUCKER C S. Machine learning classification of design team members' body language patterns for real time emotional state detection[J]. Design Studies, 2015, 39: 100-127.

[152] 彭正龙,王红丽,谷峰.涌现型领导对团队情绪、员工创新行为的影响研究 [J].科学学研究,2011,29(3):471-480.

[153] 刘杰.从普利兹克奖看设计师人格特征与创造力的关系[J].设计,2014(7): 61-62.

[154] 冯海燕.高校科研团队创新能力绩效考核管理研究[J].科研管理,2015(1): 54-62.

[155] 叶强,贺常.景观建筑设计市场竞争特点与企业创新能力构建研究[J].科技管理研究,2015,35(14):148-152.

[156] TIKAS G D, AKHILESH K B. Team innovation capability: role of 'focus' and 'intensity' in academic and industrial research teams in India[J].The Business & Management Review, 2017, 8(4): 179-187.

[157] WRIGLEY C. Design innovation catalysts: education and impact[J]. She Ji: The Journal of Design, Economics, and Innovation, 2016,2(2): 148-165.

[158] RUIZ-JIMÉNEZ J M, DEL MAR FUENTES-FUENTES M. Management capabilities, innovation, and gender diversity in the top management team: an empirical analysis in technology-based SMEs[J]. BRQ Business Research Quarterly, 2016, 19(2): 107-121.

[159] STOMPFF G, SMULDERS F, HENZE L. Surprises are the benefits: reframing in multidisciplinary design teams[J]. Design Studies, 2016, 47: 187-214.

[160] D'SOUZA N, DASTMALCHI M R. Creativity on the move: exploring little-c(p) and big-C(p) creative events within a multidisciplinary design team process[J]. Design Studies, 2016, 46: 6-37.

[161] CANDI M. Contributions of design emphasis, design resources and design excellence to market performance in technology-based service innovation[J]. Tec Novation, 2016, 55: 33-41.

[162] VERGANTI R. Design as brokering of languages: the role of designers in the innovation strategies of Italian firms[J]. Design Management Journal, 2003, 14(3): 34-42.

[163] DELL'ERA C, VERGANTI R. Collaborative strategies in design-intensive industries: knowledge diversity and innovation[J]. Long Range Planning, 2010, 43(1): 2-5.

[164] 陈雪颂.设计驱动式创新机理研究[J].管理工程学报, 2011: 25(4): 191-196.

[165] 陈圻, 陈国栋.三维驱动的创新驱动力网络: 一个元模型——设计驱动创新与技术创新的理论整合[J].自然辩证法研究, 2012, 28(5): 66-71.

[166] 陈圻, 陈国栋.三维驱动力网络创新路径及其组合研究[J].科学学研究, 2014, 32(1): 122-129.

[167] LUCHS M, SWAN K S. The emergency of product design as a field of marketing inquiry[J]. Journal of Product Innovation Management, 2011, 28(3): 327-345.

[168] 陈劲, 陈雪颂.设计驱动式创新——一种开放社会下的创新模式[J].技术经济, 2010, 29(8): 1-5.

[169] VERGANTI R. Design, meanings, and radical innovation: a meta-model and a research agenda[J]. Journal of Product Innovation Management, 2008, 25(5): 436-456.

[170] NORMAN D A, VERGANTI R. Incremental and radical innovation: design research vs. technology and meaning change[J]. Design issues, 2014, 30(1): 78-96.

[171] CHRISTENSEN C M. The innovator's dilemma: when new technologies cause great firms to fail[M]. Boston: Harvard Business Review Press, 2013.

[172] ARGYRIS C, SCHÖN DA. Organizational learning: a theory of action

perspective [J]. Reis,1997,10(77/78)：345-348.

[173] MCGRATH J E, HOLLINGSHEAD A B. Groups interacting with technology：ideas, evidence, issues, and an agenda[M]. London：Sage Publications, 1994.

[174] 王雁飞,杨怡.团队学习的理论与相关研究进展述评[J].心理科学进展, 2012,20(7):1052-1061.

[175] SENGE P M. The fifth discipline：the art and practice of the learning organization[M] New York：USA Doubleday, 1990.

[176] EDMONDSON A C, DILLON J R, ROLOFF K S. Three perspectives on team learning：outcome improvement, task Mastery, and group process[J]. The Academy of Management Annals, 2007,1(1)：269-314.

[177] ANDRES H P, SHIPPS B P. Team learning in technology-mediated distributed teams[J]. Journal of Information Systems Education, 2010, 21(2)：213-221.

[178] OFFENBEEK M V. Processes and outcomes of team learning [J]. European Journal of Work and Organizational Psychology, 2001, 10 (3)：303-317.

[179] WILSON J M, GOODMAN P S, CRONIN M A. Group learning[J]. Academy of Management Reviews,2007,32(4),1041-1059.

[180] VAN WOERKOM M, CROON M. The relationships between team learning activities and team performance[J]. Personnel Review, 2009, 38(5), 560-577.

[181] ELLIS A P J, HOLLENBECK J R, ILGEN D R, et al. Team learning：Collectively connecting the dots[J]. Journal of Applied Psychology, 2003,88(5)：821-835.

[182] EDMONDSON A C, DILLON J R, ROLOFF K S. Three perspectives on team learning[J].The Academy of Management Annals,2007,1(1)：269-314.

[183] YORKS L, SAUQUET A. Team learning and national culture：framing the issues[J]. Advances in Developing Human Resources, 2003, 5(1)：

7-25.

[184] TOMPKINS T. How collective learning occurs: a study of diffusion of competency[D]. Claremont, CA: Claremont Graduate School, 1994: 31-32.

[185] DECHANT K, MARSICK V. Team learning survey and facilitator guide[M]. King of Prussia, PA: Organization Design & Development, 1993.

[186] AKGUN A E, LYNN G S, YILMAZ C. Learning process in new product development teams and effects on product Success: a socio-cognitive perspective[J]. Industrial Marketing Management, 2006, 35 (2): 210-224.

[187] 陈国权.团队学习和学习型团队:概念,能力模型,测量及对团队绩效的影响[J].管理学报,2007,4(5):602-609.

[188] EDMONDSON A C. Learning from mistakes is easier said than done: group and organizational influences on the detection and correction of human error[J]. Journal of Applied Behavioral Science, 1996, 32(1): 5-32.

[189] WONG S S. Distal and local group learning: performance trade-offs and tensions[J]. Organization Science, 2004, 15(6): 645-656.

[190] EDMONDSON A. Psychological safety and learning behavior in work teams[J]. Administrative Science Quarterly, 1999, 44(2): 350-383.

[191] FOREHAND G A. Assessments of innovative behavior: partial criteria for the assessment of executive performance[J]. Journal of Applied Psychology, 1963, 47(3): 206-213.

[192] DOSI G. The nature of innovative process[M]. Technical Change & Economic Theory, 1988.

[193] WOODMAN R W, SAWYER J E, GRIFFIN R W. Toward a theory of organizational creativity[J]. Academy of Management Review, 1993, 18(2): 293-321.

[194] VAN D V, POOLE M S. Explaining development and change in

organizations[J]. Academy of Management Review,1995,(20)：510-540.

[195] Taggar S. Individual creativity and group ability to utilize individual creative resources：a multilevel model[J]. Academy of Management Journal，2002，45(2)：315-330.

[196] 傅世侠,罗玲玲,孙雍君,等.科技团体创造力评估模型研究[J].自然辩证法研究,2005,(2):79-82.

[197] AMABILE T M. Motivating creativity in organizations：on doing what you love and loving what you do[J]. California Management Review，1997，40(1)：39-58.

[198] BLEDOW R, FRESE M, ANDERSON N, et al. A dialectic perspective on innovation：conflicting demands, multiple pathways, and ambidexterity[J]. Industrial and Organizational Psychology, 2009, 2(3)：305-337.

[199] POST C. Deep-level team composition and innovation：the mediating roles of psychological safety and cooperative learning[J]. Group & Organization Management，2012，37(5)：555-588.

[200] SCHIPPERS M C, WEST M A, DAWSON J F. Team reflexivity and innovation：the moderating role of team context[J]. Journal of Management,2015,41(3)：769-788.

[201] ROSING K, FRESE M, BAUSCH A. Explaining the heterogeneity of the leadership-innovation relationship：ambidextrous leadership[J]. Leadership Quarterly,2011,22(5)：956-974.

[202] JANG S, YOON Y, LEE I, et al. Design-oriented new product development[J]. Research-Technology Management, 2009, 52(2)：36-46.

[203] 邹慧君,张青,郭为忠.广义概念设计的普遍性、内涵及理论基础的探索[J].机械设计与研究,2004,20(3):10-14.

[204] 韩晓建,邓家褆.产品概念设计过程的研究[J].计算机集成制造系统,2000,6(1):14-17.

[205] 卡根,沃格尔.创造突破性产品——从产品策略到产品定案的创新[M].辛向阳,潘龙,译. 北京:机械工业出版社,2003.

[206] QIAN L，GERO J S. Function-behavior-structure paths and their role in analogy-based design[J]. Artificial Intelligence for Engineering，Design，Analysis and Manufacturing，1996，10(04)：289-312.

[207] GERO J S. Design prototypes：a knowledge representation schema for design[J]. AI Magazine，1990，11(4)：26.

[208] 江屏,孙建广,张换高,檀润华.模糊前端驱动的产品创新设计过程与应用[J].计算机集成制造系统,2013,19(02):370-381.

[209] VERGANTI R. Design-driven innovation：changing the rules of competition by radically innovating what things mean[M]. Boston：Harvard Business Press，2008.

[210] UTTERBACK J，VEDIN B A，ALVAREZ E，et al. Design-inspired innovation and the design discourse[R]. Singapore：World Scientific Publishing Co. Pte. Ltd.，2006.

[211] VERGANTI R. Design，meanings，and radical innovation：a metamodel and a research agenda[J]. Journal of Product Innovation Management，2008，25(5)：436-456.

[212] FREEMAN C. The economics of industrial innovation [M]. Massachusetts：The MIT Press,1987.

[213] SCHMOOKLER J. Invention and economic growth[M]. Cambridge：Harvard University Press,1966.

[214] MOWERY D C，ROSENBERG N. Technology and the pursuit of economic growth[M]. Cambridge：Cambridge University Press，1991.

[215] DOSI G. Technological paradigms and technological trajectories：a suggested interpretation of the determinants and directions of technical change [J]. Research Policy，1982，11(2)：102-103.

[216] 许箫迪,王子龙.技术创新的动力机制研究[J].科技与管理,2003,5(5)：131-133.

[217] 杨志梅.企业技术创新动力机制模式探讨[J].科技经济市场,2011,(9)：76-78.

[218] COOPER R G. Profitable product innovation：the critical success factors

[M]. Oxford：Pergamon，2003.

[219] HARVEY S. Creative synthesis：exploring the process of extraordinary group creativity[J]. Academy of Management Review，2014，39(3)：324-343.

[220] SOMECH A，DRACH-ZAHAVY A. Translating team creativity to innovation implementation：the role of team composition and climate for innovation [J]. Journal of management，2013，39(3)：684-708.

[221] VERGANTI R. Design driven innovation：changing the rules of competition by radically innovating what things mean[M]. Cambridge：Harvard Business Press，2009.

[222] 陆红英,董彦.高管团队社会资本量表开发及信效度检验[J].经济论坛，2008(9)：96-102.

[223] PORTES A，SENSENBRENNER J. Embeddedness and immigration：notes on the social determinants of economic action[J]. American Journal of Sociology，1993，98(6)：1320-1350.

[224] NAHAPIET J，GHOSHAL S. Social capital，intellectual capital and the organizational advantage[J]. Academy of Management review，1998，2(23)：242-266.

[225] FINKELSTEIN S，HAMBRICK D C. Top-management-team tenure and organizational outcomes：the moderating role of managerial discretion[J]. Administrative Science Quarterly，1990，35(3)：484-503.

[226] JACKSON S E，STONE V K，ALVAREZ E B. Socialization amidst diversity：the impact of demographics on work team old timers and newcomers[J]. Research in Organizational，1992，15：45-45.

[227] JEHN K A，NORTHERAFT G B，NEALE M A. Why differences make a difference：a field study of diversity，conflict，and performance in workgroups[J]. Administrative Science Quarterly，1999，44(4)：741-763.

[228] VAN KNIPPENBERG D，DE DREU C K W，HOMAN A C. Work group diversity and group performance：an integrative model and

research agenda［J］. Journal of Applied Psychology, 2004, 89（6）: 1008-1022.

［229］SHORE L M, CHUNG-HERRERA B G. Diversity in organizations: where are we now and where are we going? ［J］. Human Resource Management Review, 2009, 19（2）: 17-133.

［230］CUNNINGHAM G B, SAGAS M. Examining the main and interactive effects of deep and surface-level diversity on job satisfaction and organizational turnover intentions［J］. Organizational Analysis, 2004, 12（3）: 319-335.

［231］PHILLIPSA K W, LOYD D L. When surface and deep level diversity collide: the effects on dissenting group members［J］. Organizational Behavior and Human Decision Processes,2006, 99（2）: 143-160.

［232］BECKER J M, RAI A, RINGLE C M, et al. Discovering unserved heterogeneity in structural equation models to avert validity threats［J］. Mis Quarterly, 2013,37（3）: 665-694.

［233］PELLED L H, EISENHARDT K M, Xin K R. Exploring the black box: an analysis of work group diversity, conflict and performance［J］. Administrative science quarterly, 1999, 44（1）: 1-28.

［234］ADAMS R B, FERREIURA D. Women in the boardroom and their impact on governance and performance ［J］. Journal of Financial Economics, 2009, 94（2）: 291-309.

［235］ANDERSON R C, REEB D M, UPADHYAY A, et al. The economics of director heterogeneity［J］. Financial Management, 2011,40（1）: 5-38.

［236］SAMMARRA A, BIGGIERO L. Heterogeneity and specificity of Inter-Firm knowledge flows in innovation networks ［J］. Journal of Management Studies,2008, 45（4）: 800-829.

［237］CORSARO D, CANTU C, TUNISINI A. Actors' heterogeneity in innovation networks［J］.Industrial Marketing Management,2012,41（5）: 780-789.

［238］张钢,吕洁.从个体创造力到团队创造力:知识异质性的影响［J］.应用心理

学,2012,18(04):349-357.

[239] 温忠麟,刘红云,侯杰泰.调节效应和中介效应分析[M].北京:教育出版社,2012.

[240] JACKSON S E, JOSHI A, ERHARDT N L. Recent research on team and organizational diversity：analysis and implications[J]. Journal of Management,2003, 29(6)：801-830.

[241] 刘树林,唐均.成员差异性对群体绩效影响的国外研究综述[J].科研管理,2005,26(5):141-146.

[242] SHIN S J, KIM T Y, LEE J Y, et al. Cognitive team diversity and individual team member creativity：a cross-level interaction[J]. Academy of Management Journal, 2012, 55(1)：197-212.

[243] JEHN K A, NORTHCRAFT G B, NEALE M A. Why differences make a difference：a field study of diversity, conflict and performance in workgroups[J]. Administrative Science Quarterly, 1999, 44(4)：741-763.

[244] WANOUS J P, YOUTZ M A. Solution diversity and the quality of groups decisions[J]. Academy of Management Journal, 1986, 29(1)：149-159.

[245] FLYNN F J, CHATMAN J A, SPATARO S E. Getting to know you：the influence of personality on impressions and performance of demographically different people in organizations[J]. Administrative Science Quarterly, 2001, 46(3)：414-442.

[246] KLEIN K J, SORRA J S. The challenge of innovation implementation[J]. Academy of Management Review, 1996, 21(4)：1055-1080.

[247] KANTER R M. Creating the creative environment[J]. Management Review, 1986, 75(2)：11-12.

[248] CAMPION M A, MEDSKER G J, HIGGS A C. Relations between work group characteristics and effectiveness：Implications for designing effective work groups[J]. Personnel Psychology, 1993, 46(4)：823-847.

[249] 张文勤,王瑛.团队中的目标取向对创新气氛与创新绩效影响的实证研究

[J].科研管理,2011,32(3):121-129.

[250] SOMECH A, DRACH-ZAHAVY A. Translating team creativity to innovation implementation: the role of team composition and climate for innovation[J]. Journal of Management,2013,39(3): 684-708.

[251] Richardson J G. Handbook of theory and research for the sociology of education [M]. New York: Greenwood Press,1986.

[252] LI L, BARNER-RASMUSSEN W, BJÖRKMAN I. What difference does the location make? a social capital perspective on transfer of knowledge from multinational corporation subsidiaries located in China and Finland[J]. Asia Pacific Business Review, 2007, 13(2): 233-249.

[253] DAKHLI M, DE CLERCQ D. Human capital, social capital, and innovation: a multi-country study[J]. Entrepreneurship & Regional Development, 2004, 16(2): 107-128.

[254] OH H, CHUNG M H, LABIANEA G. Group social capital and group effectiveness: the role of informal socializing ties [J]. Academy of Management Joumal,2004,47(6): 860-875.

[255] BURT R S. Structural holes [M]. Cambridge: Harvard University Press,1992.

[256] PORTES A, SENSENBRENNER J. Embeddedness and immigration: notes on the social determinants of economic action[J]. American Journal of Sociology, 1993, 98(6): 1320-1350.

[257] ADLER P S, KWON S W. Social capital: prospects for a new concept [J]. Academy of Management Review,2002,27(1): 17-40.

[258] WANG L, HUANG M, LIU M. How the founders' social capital affects the success of open-source projects: a resource-based view of project teams[J]. Electronic Commerce Research and Applications, 2018: 114-126.

[259] CABELLO M C, LÓPEZ C Á, VALLE CR. Leveraging the innovative performance of human capital through HRM and social capital in Spanish firm [J]. International Journal of Human Resource

Management，2011,22(4)：807-828.

[260] 王国顺,杨昆.社会资本、吸收能力对创新绩效影响的实证研究[J].管理科学,2011,24(5):23-36.

[261] 林筠,刘伟,李随成.企业社会资本对技术创新能力影响的实证研究[J].科研管理,2011,32(1):35-4.

[262] 唐朝永,陈万明,彭灿.社会资本、失败学习与科研团队创新绩效[J].科学学研究,2014,32(7):1096-1105.

[263] 曹勇,向阳.企业知识治理、知识共享与员工创新行为——社会资本的中介作用与吸收能力的调节效应[J].科学学研究,2014,32(01):92-102.

[264] 曾明彬,李婵,李玲娟.科研团队外部社会资本对创新绩效的作用[J].科技管理研究,2018,38(01):149-155.

[265] 温忠麟,张雷,侯杰泰,刘洪云.中介效应检验程序及其应用[J].心理学报,2004,36(5):614-620.

[266] ELLIS A P J, HOLLENBECK J R, WEST B J, et al. Team learning collectively connecting the Dots[J]. Journal of Applied Psychology, 2003,88(5)：821-835.

[267] BROWN J S, DUGUID P. Borderline issues：social and material aspects of design[J]. Human-Computer Interaction，1994，9(1)：3-36.

[268] MOALOSI R，POPOVIC V，HICKLING-HUDSON A. Culture-orientated product design[J]. International Journal of Technology and Design Education，2010，20(2)：175-190.

[269] 夏正江.论知识的性质与教学[J].华东师范大学学报:教育科学版,2000,18(2):1-11.

[270] 潘洪建,李尚卫,王洲林.知识类型学与学习方式选择[J]. 西华师范大学学报:哲学社会科学版,2005(1):127-130.

[271] 许喜华.论产品设计的文化本质[J].浙江大学学报(人文社会科学版),2002(04):118-124.

[272] 章利国.现代设计社会学[M].长沙:湖南科学技术出版社,2005.

[273] VAN RAAIJ F W. Applied consumer behavior[M]. London：Longman, 2005.

[274] DELL'ERA C, BUGANZA T, FECCHIO C, et al. Language brokering: stimulating creativity during the concept development phase [J]. Creativity and Innovation Management,2011, 20(1): 36-48.

[275] CHALLIS D, SAMSON D, LAWSON B. Impact of technological, organizational and human resource investments on employee and manufacturing performance: Australian and New Zealand evidence [J]. International Journal of Production Research,2005, 43(1): 81-107.

[276] EDMONDSON A C. The local and variegated nature of learning in organizations: a group level perspective [J]. Organization science, 2002, 13(2): 128-146.

[277] LIN B W. Technology advantage transfer as for firms technological with limited learning: a source of competitive R&D resources[J]. R&D Management, 2003,33(3),327-341

[278] ROBERGE M, VAN DICK R. Recognizing the benefits of diversity: when and how does diversity increase group performance? [J]. Human Resource Management Review, 2010, 20(4): 295-308.

[279] PARKER C P, BALTES B B, YOUNG S A, et al. Relationships between psychological climate perceptions and work outcomes: a meta-analytic review[J]. Journal of Organizational Behavior, 2003, 24(4): 389-416.

[280] WIERSEMA M F, BIRD A. Organizational demography in Japanese firms: group heterogeneity, individual dissimilarity, and top management team turn over [J]. Academy of Management Journal, 1993, 36(5): 996-1025.

[281] 张钢,熊立.成员异质性与团队绩效:以交互记忆系统为中介变量[J].科研管理,2009,30(1):72-79.

[282] 陈睿,井润田.团队异质性对团队成员创新绩效的影响机制[J].技术经济, 2012,31(12):13-21.

[283] 郑强国,秦爽.文化创意企业团队异质性对团队绩效影响机理研究——基于团队知识共享的视角[J].中国人力资源开发,2016,(17):23-32.

[284] KOZLOWSKI S W J, ILGEN D R. Enhancing the effectiveness of work

groups and teams[J]. Psychological Science in the Public Interest, 2006, 7(3): 77-124.

[285] OLDHAM G R, CUMMINGS A. Employee creativity: personal and contextual factors at work[J]. Academy of Management Journal, 1996, 39(3): 607-634.

[286] MCGRATH M E. Product strategy for high-technology companies: how to achieve growth, competitive advantage, and increased profits[M]. New York: Irwin Professional Pub, 1995.

[287] BHARADWAJ S, MENON A. Making innovation happen in organizations: individual creativity mechanisms, organizational creativity mechanisms or both? [J]. Journal of Product Innovation Management, 2000, 17(6): 424-434.

[288] BAIN P G, MANN L, PIROLA-MERLO A. The innovation imperative: the relationships between team climate, innovation, and performance in research and development teams [J]. Small Group Research, 2001, 32(1): 55-73.

[289] SHIN S J, ZHOU J. Transformational leadership, conservation, and creativity: Evidence from Korea[J]. Academy of Management Journal, 2003, 46(6): 703-714.

[290] HULT G T M, HURLEY R F, KNIGHT G A. Innovativeness: its antecedents and impact on business performance [J]. Industrial Marketing Management, 2004, 33(5): 429-438.

[291] 李媛,高鹏,汤超颖,等.团队创新氛围与研发团队创新绩效的实证研究[J].中国管理科学,2008,16(S1):381-386.

[292] MASKELL P. Knowledge creation and diffusion in geographic clusters [J]. International Journal of Innovation Management, 2001,5(2): 213-237.

[293] YLI-RENKO H, AUTIO E, SAPIENZA H J. Social capital, knowledge acquisition, and knowledge exploitation in young technology-based firms [J]. Strategic Management Journal, 2001, 22(6-7): 587-613.

[294] 曾明彬,李婵,李玲娟.科研团队外部社会资本对创新绩效的作用[J].科技管理研究,2018,38(01):149-155.

[295] 侯楠,杨皎平,戴万亮.团队异质性、外部社会资本对团队成员创新绩效影响的跨层次研究[J].管理学报,2016,13(02):212-220.

[296] HAMBRICK D C, MASON P A. Upper echelons: the organization as a reflection of its top managers [J]. Social Science Electronic Publishing, 1984, 9(2): 193-206.

[297] VAN OFFENBEEK M. Processes and outcomes of team learning [J]. European Journal of Work and Organizational Psychology, 2001, 10(3): 303-317.

[298] GIBSON C, VERMEULEN F. A healthy divide: subgroups as a stimulus for team learning behavior [J]. Administrative Science Quarterly, 2003, 48(2): 202-239.

[299] ELLIS A P J, HOLLENBECK J R, ILGEN D R, et al. Team learning: collectively connecting the dots [J]. Journal of Applied Psychology, 2003, 88(5): 821.

[300] VAN DER VEGT G S, BUNDERSOW J S. Learning and performance in multidisciplinary teams: the importance of collective team identification [J]. The Academy of Management Journal, 2005, 48(3): 532-547.

[301] AHMED P K, LOH A Y E, ZAIRI M. Cultures for continuous improvement and learning [J]. Total Quality Management, 1999, 10(4-5): 426-434.

[302] SHEPHERD D A, PATZELT H, WOLFE M. Moving forward from project failure: negative emotions, affective commitment, and learning from the experience [J]. Academy of Management Journal, 2011, 54(6): 1229-1259.

[303] 王重鸣,胡洪浩.创新团队中宽容氛围与失败学习的实证研究[J].科技进步与对策,2015,32(01):18-23.

[304] EDMONDSON A. Psychological safety and learning behavior in work teams[J]. Administrative Science Quarterly, 1999, 44(2): 350-383.

[305] 骆均其.浙江民营企业团队氛围,团队学习与团队绩效的关系研究[D].杭州:浙江工商大学,2008.

[306] 彭灿,李金蹊.团队外部社会资本对团队学习能力的影响——以企业研发团队为样本的实证研究[J].科学学研究,2011,29(09):1374-1381.

[307] HONGSEOK O,LABIANEA G,CHUNG M H. A multilevel model of group social capital[J]. Academy of Management Review,2006,31(9):569-592.

[308] HAGEDOORN J. Understanding the rationale of strategic technology partnering: interorganizational modes of cooperation and sectoral difference[J]. Strategic Management Journal,1993,(14):371-385.

[309] MAURER I, EBERS M. Dynamics of social capital and their performance implications: lessons from biotechnology start-ups[J]. Administrative Science Quarterly, 2006, 51(2):262-292.

[310] BUNDERSON J S, SUTCLIFFE K M. Management team learning orientation and business unit performance[J]. Journal of Applied Psychology, 2003, 88(3):552.

[311] EDMONDSON A. Psychological safety and learning behavior in work teams[J]. Administrative Science Quarterly, 1999, 44(2):350-383.

[312] BOSCH-SIJTSEMA P M, HAAPAMAKI J. Perceived enablers of 3D virtual environments for virtual team learning and innovation[J]. Computers in Human Behavior,2014,37:395-401.

[313] 张爽.基于组织学习的高校科研团队创新能力的提升路径研究[J].高教探索,2015,(12):37-40+45.

[314] 姜秀珍,顾琴轩,王莉红,等.错误中学习与研发团队创新:基于人力资本与社会资本视角[J].管理世界,2011,(12):178-179+181.

[315] Müller C V. About differences and blind spots: a systemic view on an international, interdisciplinary research team[J]. Journal of Managerial Psychology, 1998,13(3/4):259-270.

[316] CHENG C Y, SANCHEZ-BURKS J, LEE F. Taking advantage of differences: increasing team innovation through identity integration[J].

Research on Managing Groups and Teams,2008,11(11)：55-73.

[317] KARAU S J, WILLIAMS K D. Social loafing：a meta-analytic review and theoretical integration［J］. Journal of Personality and Social Psychology，1993，65(4)：681-706.

[318] 李金林,赵中秋.管理统计学[M].北京:清华大学出版社,2006.

[319] MULLEN T P, LYLES M A. Toward improving management development's contribution to organizational learning［J］. People and Strategy，1993，16(2)：35.

[320] COHEN W M, LEVINTHAL D A. The implications of spillovers for R&D investment and welfare：a new perspective［J］. Administrative Science Quarterly，1990，35(1990)：128-152.

[321] YLI-RENKO H, AUTIO E, SAPIENZA H J. Social capital, knowledge acquisition and knowledge exploitation in young technology-based firms ［J］. Strategic Management Journal，2001，22(6 /7)：587-613.

[322] GILBERT B A, MCDOUGALL P P, AUDRETSCH D B. Clusters, knowledge spillovers and new venture performance：an empirical examination[J]. Journal of Business Venturing，2008，23(4)：405-422.

[323] SUBRAMANIAM M, YOUNDT M A. The influence of intellectual capital on the types of innovative capabilities ［J］. Academy of Management Journal，2005，48(3)：450-463.

[324] CARMELI A. Social capital, psychological safety and learning behaviors from failure in organizations[J]. Long Range Planning，2007，40(1)：30-44.

[325] CARMELI A, GITTELL J H. High-quality relationships, psychological safety, and learning from failures in work organizations[J]. Journal of Organizational Behavior：The International Journal of Industrial, Occupational and Organizational Psychology and Behavior，2009，30 (6)：709-729.

[326] 蒋天颖,孙伟.网络位置、技术学习与集群企业创新绩效——基于对绍兴纺织产业集群的实证考察[J].经济地理,2012,32(07):87-92.

[327] DEUTSCH M. Cooperation and competition in conflict, interdependence, and justice[M]. New York：Springer 2011：23-40.

[328] CHEN Y F, TJOSVOLD D, SU F. Goal interdependence for working across cultural boundaries：Chinese employees with foreign managers [J]. International Journal of Intercultural Relations，2005，29(4)：429-447.

[329] CHEN Y F, TJOSVOLD D, HUANG X, et al. Newcomer socialization in China：effects of team values and goal interdependence [J]. The International Journal of Human Resource Management，2011，22(16)：3317-3337.

[330] WONG A, FANG S S, TJOSVOLD D. Developing business trust in government through resource exchange in China[J]. Asia Pacific Journal of Management，2012，29(4)：1027-1043.

[331] 杨肖锋,储小平,谢俊.社会资本的心理来源:基于合作与竞争理论的分析[J].软科学,2012,26(03):101-139.

[332] TJOSVOLD D, PENG A C, CHEN N Y, et al. Individual decision-making in organizations：contribution of uncertainty and controversy in China[J]. Group Decision and Negotiation，2013，22(4)：801-821.

[333] 陈晓萍,徐淑英,樊景立.组织与管理研究的实证方法[M].2 版.北京:北京大学出版社,2008:

[334] 杨国枢,文崇一,吴聪贤,等.社会及行为科学研究法[M].重庆:重庆大学出版社，2006.

[335] 李怀祖.管理研究方法论[M].西安:西安交通大学出版社,2004.

[336] ARNOLD H J, FELDMAN D C. Social desirability response bias in self-report choice situations[J]. Academy of Management Journal，1981，24(2)：377-385.

[337] 马庆国.管理统计:数据获取,统计原理,SPSS 工具与应用研究[M]. 北京:科学出版社，2002.

[338] JEHN K A, NORTHCRAFT G B, NEALE M A. Why differences make a difference：a field study of diversity, conflict and performance in workgroups [J]. Administrative Science Quarterly，1999，44(4)：741-763.

[339] LEWIS K. Measuring transactive memory systems in the field: scale development and validation[J]. Journal of Applied Psychology, 2003, 88(4): 587.

[340] AMABILE T M, CONTI R, COON H, et al. Assessing the work environment for creativity[J]. Academy of Management Journal, 1996, 39(5): 1154-1184.

[341] WEST M. A. The social psychology of innovation in groups [J]. Innovation and Creativity at Work: Psychological and Organizational Strategies, 1990: 309-321.

[342] ANDERSON N R, WEST M A. Team climate inventory: Manual and user's guide[M]. Windsor, Berkshire: NFER-Nelson, 1994.

[343] KIVIMAKI M, ELOVAINIO M. A short version of the team climate inventory: development and psychometric properties [J]. Journal of Occupational and Organizational Psychology, 1999, 72(2): 241-246.

[344] WESTLUND H, BOLTON R. Local social capital and entrepreneurship [J]. Small Business Economics, 2003, 21(2): 77-123.

[345] NAHAPIET J, GHOSHAL S. Social capital, intellectual capital, and the organizational advantage[J]. Academy of Management Review, 1998, 23(2): 242-266.

[346] 彭灿,李金蹊.团队外部社会资本测量指标体系研究[J].技术经济,2011, 30(7):48-50.

[347] 崔雪松,王玲.企业技术获取的方式及选择依据[J].科学学与科学技术管理,2005(05):141-144.

[348] JENSEN M B, JOHNSON B, LORENZ E, et al. Absorptive capacity, forms of knowledge and economic development [R]. Paper Presented at the Second Globelike Conference in Beijing, 2004, 10: 16-20.

[349] 叶伟巍,王翠霞,王皓白.设计驱动型创新机理的实证研究[J].科学学研究,2013,31(8):1260-1267.

[350] 俞湘珍.关于设计的创新过程机理研究[D].杭州:浙江大学,2011.

[351] BATES R A, HOLTON III E F. Computerized performance monitoring: a

review of human resource issues[J]. Human Resource Management Review，1995，5(4)：267-288.

[352] COHEN S G，BAILEY D. R. What makes teams work：group effectiveness research from the shop floor to the executive suite[J]. Journal of Management,1997,23(3)：239-290.

[353] CAMPBELL J P, MCCLOY R A, OPPLER S H，et al. A theory of performance[J]. Personnel selection in organizations，1993，35(70)：35-70.

[354] BERNARDIN H J, KANE J S, ROSS S，et al. Performance appraisal design, development，and implementation[J]. Handbook of human resource management，1995,(5)：462-465.

[355] 朱少英,齐二石,徐渝.变革型领导、团队氛围、知识共享与团队创新绩效的关系[J].软科学,2008,22,(11):1-9.

[356] 刘惠琴,张德.高校学科团队中魅力型领导对团队创新绩效影响的实证研究[J].科研管理,2007,28(4):185-191.

[357] 黄芳铭.结构方程模式理论与应用[M].北京:中国税务出版社,2005.

[358] 马庆国.管理统计数据获取、统计原理、工具与应用研究[M].北京:科学出版社,2002.

[359] 陈正昌.SPSS与统计分析[M].北京:教育科学出版社,2015.

[360] 赵卓嘉.团队内部人际冲突、面子对团队创造力的影响研究[D].杭州:浙江大学,2009.

[361] 王国保.中国文化因素对知识共享、员工创造力的影响研究[D].杭州:浙江大学,2010.

[362] 侯杰泰,温忠麟,成子娟.结构方程模型及其应用[M].北京:经济科学出版社,2004.

[363] 黄芳铭.结构方程模式理论与应用[M].北京:中国税务出版社,2005.

[364] BARON R M, KENNY D A. The moderator-mediator variable distinction in social psychological research：Conceptual, strategic, and statistical considerations [J]. Journal of personality and social psychology，1986，51(6)：1173.